海洋人文
科普丛书

美丽的
蓝色水球

雷宗友
朱宛中 著

U0198289

上海科学技术文献出版社

图书在版编目（CIP）数据

美丽的蓝色水球 / 雷宗友，朱宛中著 . —上海：上海科学
技术文献出版社，2012.11
（海洋人文科普丛书）
ISBN 978-7-5439-5569-1

Ⅰ.①美… Ⅱ.①雷…②朱… Ⅲ.①深海—普及读物
Ⅳ.① P72-49

中国版本图书馆 CIP 数据核字（2012）第 234557 号

责任编辑：石　婧
封面设计：钱　祯

美丽的蓝色水球

雷宗友　朱宛中　著

*

上海科学技术文献出版社出版发行
（上海市长乐路 746 号　邮政编码 200040）
全国新华书店经销
常熟市人民印刷有限公司印刷

*

开本 740×970　1/16　印张 14　字数 221 000
2018 年 6 月第 3 次印刷
ISBN 978-7-5439-5569-1
定价：28.00 元
http://www.sstlp.com

前　言

海洋是一个陌生的世界，神奇的世界。

古往今来，许多绝句豪章，都赞美过海洋。那日出的绚丽，日落的余晖；那丝绒般的平柔与鸟语似的微波；还有那浩瀚无垠的空旷与反复无常的激情，都使文人墨客为之倾倒。然而，当时空跨入 21 世纪时，人们眼中的海洋，更增添了许多时代的元素。作者曾把海洋比作生命的摇篮、资源的宝库、通衢的大道、风雨的故乡。如今，海洋更显示出新的魅力，成为开发的前沿、旅游的天堂，并且向国人凸显着她那国防屏障的威严，蓝色国土的神圣。

如此绚丽空灵、富饶多娇的海洋，值得我们去欣赏、去关注、去热爱、去拥抱。

当今世界，人口、资源、环境问题困扰着人类，于是，人们把目光投向海洋，认识到研究海洋、开发海洋将成为解决这些难题的有力手段，感悟到应当对海洋有更深的了解、更多的期盼。21 世纪被人们誉为海洋世纪。

但是，许多人对我们身边的海洋知之甚少。虽然我国是一个海洋大国，大陆岸线长达 19 057 千米，岛屿岸线长达 14 000 多千米，岛屿达 10 312 之众，然而长期以来，我们是站在海边，背对大海，于海洋的点点滴滴不屑听闻。这就激励作者穷睇眄于海空，极遐思于古今，写就了这套以海洋为题材的科普读物，旨在引领人们全方位地了解神奇的大海，唤起国人对海洋的关注和对海洋科学的兴味。

在写作中，作者尝试创新给力，在介绍科学知识的同时，加入故事、情

景、兴趣、时尚四大元素，打造全新的人文科普读物。

人文科普是全新的创意理念，它用故事的情节和情景的描述，与读者谈天说地，寓知识于故事，寓科技于快乐，寓见闻于古今，寓眼界于流行，为读者呈现出一个融人文、情景、兴趣、时尚为一体的新奇而丰富多彩的立体科技世界。

本丛书是上海科学技术文献出版社陈云珍副编审、石婧编辑与作者共同策划、创意的，共 7 本，内容涵盖海洋领域的各主要方面。既有介绍海洋地理概况的《美丽的蓝色水球》和介绍海洋资源、能源的《富饶的海洋资源》；也有讲述海洋生物习性与趣闻的《奇妙的海洋生物》和许多人还不太熟悉的《珍爱海洋国土》；还有神秘的《海底寻幽探秘》和益智添趣的《海洋千古疑谜》；更推出了令人向往且能激起大众对海洋旅游兴味的《大海的旖旎风情》。

通过本丛书，读者可以轻松地获得许多海洋知识，全面、系统地了解海洋学科的各主要方面及其与人类的关系，了解人类探索海洋的有趣经历，了解海洋开发的现状及前景，同时还可以扩展视野，益智添趣。希望读者能够喜欢。

上海市科普作家协会原秘书长、著名科普作家李正兴，上海交通大学教授、著名科普作家徐德胜，701 研究所高级工程师、著名科普作家施鹤群，武汉大学教授、著名科普作家周戟，著名科普作家、地质专家张庆麟，南开大学远程教育学院原院长、教授雷宗保，以及雷震岳、周艰芳、顾去飞、田秀茹、王凤英、朱卓然、陆玮琳、林音等对本书的写作、出版提供了许多帮助，特表谢忱。

雷宗友　朱宛中

2012 年 8 月于上海

目 录

地球和海洋从哪里来

盘古共工开天地的传说

亲爱的读者，当你站在高处，极目眺望那向着无尽的远方伸展开去的大海时，你是否会有这样一些疑问：这美丽富饶的大海是什么时候诞生、又是怎样诞生的呢？

自从人类在地球上出现的时候起，这些疑问恐怕就已萦绕在人们的脑海中了。那时候，人类还没有文化知识，更没有科学知识，自然无法回答这个问题，他们只能通过想象和神话去寻求答案。盘古开天辟地的故事，就是我们的祖先关于日月星辰、大地海洋等事物来龙去脉的最早遐想和猜测。

故事说，在很久很久以前，宇宙还是漆黑一团，像个大鸡蛋。在这个又黑又大的"鸡蛋"里，孕育着一个叫盘古的巨人。他美滋滋地在里面睡觉，一觉就睡了一万八千年。当他醒来，睁开双眼朝四周望去时，竟是漆黑一团，什么也看不见。他愤怒极了，挥动起粗壮有力的臂膀，向着无边无际的混沌世界猛地劈将过去。这一劈不打紧，那五十万年凝聚不动的"大鸡蛋"骤然迸发出一声巨响，张裂开来，现出一片光明景象。

盘古好奇地瞧着四周的一切，只见那些轻清的东西，缓缓向上升腾，渐渐扩散开来，变成美丽的蓝天；那重浊的东西，一齐向下沉降，渐渐地聚集在一起，变为坚实的大地。他兴奋极了，顿时感到无比的舒适与快慰。但仔细一想，又怕这美好的景象不会长久，天地会重新合拢，浑浊的黑暗会再次降临。于是，他手撑青天，脚踏大地，并使自己的身体竭力向上增长。他一

直长了一万八千年，天和地也就离得远远的，盘古也就成了一个顶天立地的英雄。

盘古开天辟地，耗尽了全部的精力，终因劳累过度而死去了。就在他弥留之际，四周的景象突然又起了巨大的变化：他呼出的气，变成了春风和云雾；他的声音，变成了雷霆；他的左眼变成了太阳，右眼变成了月亮，头发和胡须变成了天上的星星；他的四肢和身体其他部分变成了东南西北四极和高耸入云的五岳；周身流动的血液，变成了奔腾咆哮的江河湖海；遍布全身的筋脉，变成了纵横的道路；肌肉变成了田地；牙齿、骨骼和骨髓变成了无尽的宝藏；汗毛变成了草木，汗水变成了雨露。一个清新美好、丰富多彩的世界诞生了。

盘古满意地环视了周围的一切，静静地安息了。他死后的精灵，变成了万物之灵的人类，不断以他们的聪明和智慧，把世界改造得越来越美好。

这个美好的神话，生动而朴实地表现了我们的祖先对世界也包括海洋诞生的遐想。但是，人类是在不断前进的，神话的内涵也在不断丰富。渐渐地，一个更加具体的关于海洋形成的神话，又开始在民间流传开来，这就是共工与祝融争霸的故事。

水神共工与火神祝融为了争做天下的霸主，大动干戈。共工率领部下乘着木筏，向盘踞在陆地上的祝融发起进攻。祝融深知共工只习水性，在陆地上无用武之地，便佯作败退，诱使共工深入大陆。共工不知是计，误以为对方不堪一击，便率众登陆，穷追猛赶。

祝融缓缓地向后败退。就在共工行将追上之时，他猛地回过头来，口吐浓烟烈火，把追赶者团团围住。

共工察觉中计，意欲撤回水上，但因深入陆地太远，为时已晚，部下十之八九被烧成灰烬。共工竭尽全力，勉强冲出火圈，狼狈逃脱。

高傲成性、不可一世的共工遭到如此惨败，羞恨至极，无地自容。盛怒之下，猛地朝不周山撞去，竟把支撑天穹的四根擎天柱之一撞倒。天穹立即倾圮，强烈的震动接踵而来。大地被震裂开了，从此，天倾西北，地陷东南。洪水从地心涌出，注入洼地。天长日久，浩瀚的大海便在我国东南方出现了。百川归大海，从此，我国大陆上的河流，绝大多数就顺着地势，由西向东注入大海。南唐后主李煜在《相见欢》中的名句"自是人生长恨水长东"，说的就是他的

"人生长恨"有如"水长东"一样无穷无尽、无休无止。他虽然说的是个人的悔恨之情，却也道出了自然界的一个真实现象，在中国大地，大部分的河流总是向东流去的，流向东边的大海。

然而，神话毕竟不是现实，它没有科学依据，只不过是人类美好的想象。随着社会的进步，随着科学技术的发展，神话自然逐渐消失，代之而起的是各种各样的科学假说。

盘古开天辟地雕塑

地球冷却，洋盆横空出世

在众多关于地球和海洋形成的科学假说中，有一种学说认为地球是从它的母亲——太阳的怀抱里脱胎而出的。

当地球刚从太阳脱胎出来开始"独立生活"的时候，还是一团熔融状态的岩浆火球，一面不停地自转，一面又绕着太阳公转。后来，由于热量的散失，它逐渐冷却下来。它的表面冷却得快，首先形成一层硬壳。它的内部也要冷却和收缩，结果，在地壳下面便出现空隙。这种状态当然不能长久，在重力作用下，地壳便大规模下陷。它们互相挤压，形成褶皱，出现许多裂缝。岩浆从裂缝中涌出，引起火山和地震。随火山从深处喷涌而出的熔岩，在地壳上缓缓流动，铺满了地壳，也把地壳原有的许多裂缝填满。渐渐地，这些喷出的熔岩也冷却了，地壳也因此变厚起来。地壳的变厚，有力地阻止了地球深处熔岩的喷出，火山活动大为减少。于是，地球表面的轮廓就基本固定下来，那些高耸的部分成为陆地，那些低陷的部分就成为海洋。

该学说的基本思想是地球从热变冷，所以叫做冷缩学说。

这种冷缩学说不再是纯粹的想象和神话，而是有着相当程度的科学见解，因而得到许多人的拥护，在19世纪下半叶至20世纪初期，地质学界一直将它奉为圭臬。

后来，人们又对它不断补充和修正，说服力就更强了。人们认为，年轻

地球的外壳具有高度的可塑性，在潮汐的扰动下，有些地方凹陷进去，有些地方鼓胀起来，就像刚结冰的水面被大胆的人踩过的足迹一样。后来，随着地球的不断冷却，地壳渐渐变厚，地球自转的速度也减慢下来，地球自转一圈（即一天）的时间变得越来越长。当潮汐振动的周期与岩浆振动的自然周期相等时，便产生了共振。振动越来越强烈，终于，一部分岩浆被甩了出去，成为地球的"女儿"、太阳的"孙女"——月亮。

月亮起初用自己的光芒照耀大地，后来它变冷了，不再发光，只有靠着反射太阳的光辉，才给人们以月夜的明亮。

月亮被甩出去以后，地壳留下了一个大窟窿，这就是我们今天见到的太平洋。

有许多事实支持这种学说。比如，太平洋底部的基底岩石几乎没有花岗岩，而其他大洋的底部，在玄武岩上面却覆盖了一层较轻的花岗岩。人们不禁要问，太平洋底部为什么没有花岗岩？如果太平洋的确是月亮被甩出后留下的大窟窿，那么，问题就不难找到答案：太平洋底部的花岗岩随同月亮一起被甩出去了。20世纪五六十年代，苏联发射火箭到月亮周围进行观测，查明那里没有明显的磁场，这就证明了这种推测是可信的。因为地球磁场主要是地球内核的铁质成分产生的，月亮没有磁场则说明它没有这种含铁质的内核，所以，认为月亮是从地球表层分离出去的说法是有说服力的。

地球与月亮

月亮诞生时，地球经历的震动是极其强烈的。强烈的震动必然会使尚未完全凝固的地壳的其余部分张裂开来，出现巨大的裂缝，于是，大西洋和印度洋也就形成了。

洪水泛滥，洋盆迎进海水

当然，这还只是一些干涸的海洋，里面并没有水。

水从哪里来？

随着地球不断冷缩和凝固，一部分水从岩石中被压榨出来。由于这时地表的温度仍旧很高，从岩石中被压榨出来的水很快化为蒸汽，充溢于地球周围的大气中。水汽越积越多，终于达到饱和程度。随着地球的进一步冷却，饱和水汽开始凝成水滴。水滴越积越大，越变越重，在重力作用下，它们降落下来，地球上便开始了一场滂沱大雨。

这是地球上第一次下雨，也是一场极不平常的雨。它无休止地下了很长很长的时间，使地球表面泛滥着洪水。但是，那时地球上一片荒凉，没有任何生命的痕迹，更没有人类，自然没有谁来告诉我们那场洪水的故事了。

无边无际的洪水在地球表面泛滥，地球变成了一个地地道道的水球。原来那些低洼的洋盆，由于水深较大，洋底受到的压力也较大，加上从高处冲刷下来的矿物质又不断积聚在洋底，洋底受到的压力就更大了。巨大的压力使可塑性的洋底不断下沉，它下面的岩浆便向着原来高出洋底的地方流去，使这些地方渐渐高出水面，变成陆地，而原先干涸的洋盆，这时也就成为名副其实的汪洋大海了。

上面的假说，认为地球经历了由热到冷的演化过程，认为地壳是在不断变冷的情况下冷凝变硬形成的。20世纪以前，人们认为地球就是一种没有热源的物体，它不断冷缩是理所当然的事，因而冷缩学说也就风靡一时，许多人深信不疑。但是，后来人们了解到一种新的现象，这就是地球内部蕴藏着许多像铀、钍等放射性物质，它们蜕变产生的热能，不断地烤热着地球，地球不但没有冷缩，反而在不断地热胀。1969年7月，美国"阿波罗"11号宇宙飞船载人登月，采回的月球岩样有相当一部分是玄武岩，而花岗岩并不多，这都给冷缩学说以沉重的打击。

看来，用地球的冷缩来解释海洋的形成，这条路是走不通了，必须另辟蹊径。于是，另一种关于地球和海洋形成的学说——"热胀学说"出现了。

热胀学说代替冷缩学说

热胀学说不再认为地球是从炽热的太阳中分离出来的，它形成时也不是一团熔融的岩浆，而是一团冷凝的固态物质。远在45亿年前，在现今太阳系的位

置上有一团密度分布不均匀的巨大的星际云。在这团星际云里，密度较大的地方，由于引力较大，便将其他部分的星际云吸引过来，构成一团密度更大从而引力也更大的星际云。由于引力的变大，这团星际云便进一步向星际云中心靠拢、收缩。星际云的收缩，自然不会那么均匀，因而在收缩过程中，必然会碎裂开来，形成许多小星云，围绕自己的中心不停地旋转。其中，有一块较大的星云，因为不断吸引越来越多的物质而加快了收缩，旋转也因此越来越快。旋转的加速无疑会使离心力增大。当离心力增大到与中心的引力势均力敌时，就会变成一个扁扁的星云盘。而中心部分则由于物质的大量密集使密度变得很大，发出热和光，这就是原始的太阳。同时，太阳周围星盘也在进一步演化，它们各自吸引其附近的物质而不断变大，发展成为行星。

当早期的地球大致上达到了现在的质量时，必然会以更大的引力吸引周围的固体物质，致使周围的一些固态物质以极高的速度与其相撞，这速度至少与第二宇宙速度（11.2米/秒）相等。如此剧烈的碰撞，必然会产生极高的温度。这种温度估计可达10万摄氏度，因而足以使碰撞物体本身和地球表面碰撞区的物质完全气化。碰撞以后，地表变得坑坑洼洼，就像现在我们看到的月球表面一样。

这样的过程持续了几百万年，地球的大小就变得和现在差不多了。

硝烟弥漫，海洋降临地球

在这些与地球胚胎相撞击的物体中，有一颗比较大的小行星，它的撞击最为猛烈，致使地球的一部分脱离了地球，不断围绕地球旋转，这就是我们今天见到的月球。

碰撞形成月球模拟效果图

用放射性同位素碳14测定法测定岩石的年龄，发现地球和月球岩石的年龄都在45亿年左右，这就为上述科学假说提供了有力的证据。

放射性测年是利用放射性元素的衰变来测定岩石的年龄。地球上的一些元素，如铀、镭、钾、碳等，由于同一种元素的原子核内的中子数不同而有不同的表现形式，称为元素的同位素。一些同位素不稳定，具有放射性。放射性同位素以一定的速率衰变，衰变速率称为半衰期，即该元素从原始质量衰变到一半所耗费的时间。如果知道了某种元素的半衰期，就可以通过测定母体和子体（衰变的产物）的质量来计算岩石的年龄。

例如，碳有 3 种同位素：碳 12、碳 13 和碳 14。前两种是稳定的，后一种不稳定，具有放射性。当碳 14 衰变时，放出热量，生成氮 14。碳 14 的半衰期是 5 570 年，也就是说，在某种物质中的碳 14，需要用 5 570 年的时间使一半的碳 14 转变为氮 14。

地质学家通过测定现在岩石中碳 14 和氮 14 的量，来估算岩石的年龄，这就是碳测年法。它建立在严格的科学基础上，因而准确性是很高的，可以说是科学的算命先生。

地球诞生后，在它的婴儿时期，巨大的星际碰撞会把大量的尘埃释放到它的周围，其中的一些尘埃成为地球大气的一部分；另一些尘埃则逐渐冷凝成水，泛滥于地表，成为地球上水源的一部分。

后来，地球内部的放射性元素蜕变产生的热量，不断将地球烤热，地球逐渐熔化，地球上的物质也重新分布：轻浮重沉。高温下产生的水汽和其他气体升入空中，增加大气的分量和大气中的水分；铁、镍等重金属则沉入地球中心，成为地核。

就在地球内部的增热和物质重新分布的过程中，地球不可避免地会陷入一场混杂的动乱中，熔融的岩浆不断翻腾激荡，在裂缝中冲出地表，使地球出现一个极其活跃的火山喷发时期，到处火山冲天，硝烟弥漫，轰隆之声不绝。

同时，彗星、大量凝固的气体、冰块和小行星仍在不断地撞击，使地球产生猛烈的风暴。

巨大的撞击和火山喷发产生的大爆炸，使埋藏在岩石中的水分和气体释放出来。水泛滥于地表，流入低洼部分，形成原始的海洋。

彗星

气体中饱含的碳水化合物和氮气充斥于大气中，遮挡住阳光，地球陷入一片黑暗。碳水化合物也会进入水中，使原始海洋也变得极其混浊。那时，我们的家园丝毫没有现在这种蓝天碧海的美丽景象。

彗木相撞，重现当年情景

那么，星际物质与地球真的有撞击的可能吗？撞击的力量有多大呢？这种撞击的力量能使一部分地球物质脱离地球形成月球吗？

尽管上述学说言之有理，毕竟很难加以证实。谁能回到45亿年前去拍摄现场的情景？所幸人类现在就能通过十分先进而巨大的望远镜，观察到类似的景象，从而对地球的过去加以佐证。1994年7月17～22日，人们目睹了苏梅克—列维9号彗星撞击木星的壮观景象，这难道不是地球形成时星际物质与地球相撞的情景再现吗？

木星与地球同属太阳系的行星，是地球的"兄弟"。它距地球7.7亿千米，比地球离太阳更远，和地球中间隔着一个火星。它比地球大得多，直径为地球的11倍，体积为地球的1 316倍，重量为地球的318倍。

1992年7月7日，苏梅克—列维9号彗星运行到和木星很近的地方，以致木星强大的引潮力把它撕成碎片。天文学家们准确地预测到碎片再次光临的时间，于是，一次大规模的观测准备就绪。

1994年7月17～22日，苏梅克—列维9号彗星的碎片果然再次临近木星。21个彗核以远大于第三宇宙速度（16.7千米/秒）的60千米/秒的极高速度冲向木星，释放出相当于5亿颗日本广岛原子弹的巨大能量，从而在这场宇宙级的爆炸中灰飞烟灭。

人们通过天文望远镜，看到了撞击时木星表面升起的宽阔尘埃，高温气体冲至1 000千米高处，并在木星表面留下了如地球大小的撞击痕迹。

1994年7月，苏梅克—列维9号彗星与木星相撞的瞬间

科学家们测到了在彗木撞击前的一段时间内，木星发出的电磁波比平时强了9倍，撞击时溅落点的温度瞬间升到上万摄氏度。彗星对木星的连续撞击引起强烈的爆炸，产生巨大的闪光，把木星的卫星照得通亮。木星表面形成巨大的蘑菇云，在木星大气层中引起大风暴，并持续了很长时间。撞击使许多物质从木星上溅出，形成一个由气体和尘埃构成的物质环，在木星上遮天蔽日。

科学家们还在彗星碎块进入木星的化学复合物云层时，观察到由爆炸引起的从撞击点向外扩展的波状闪光，以及木星大气层出现的化学变化和环流变化。

此情此景，与假说中提出的地球被撞击时的情景何其相似啊。这或许能够为地球及其海洋形成的假说提供一个佐证。

太空之吻提供有力证据

为了进一步了解太空，揭示太阳系的形成和地球上生命的起源等一系列重大的科学命题，人类又发射探测器，深入太空，以取得第一手资料。其中，美国的一次深空探测，精彩绝伦，带来了许多宝贵的资料，也仿佛让人瞧见了当时星际物质与地球相撞的瞬间片断。美国"深度撞击"号飞船成功地撞击"坦布尔"1号彗星，就是难得一见的太空之吻，是一场在太空上演的绚丽"焰火秀"。

2005年7月4日，在距地球4.3亿千米的地方，"深度撞击"号飞船以25°的倾角和10千米/秒的速度，按预定计划准时撞击"坦布尔"1号彗星的彗核表面，绚丽而耀眼的"焰火"在撞击的刹那"点燃"，撞击时间十分精确。

这次撞击的效果也十分完美。这颗370千克的铜质撞击器准确地撞上了彗星，撞出了一个明显的深坑，撞击所溅射出来的物质和铜质撞击器高温熔解产生出节日焰火般绚丽的景象。

全世界数亿观众通过电视直播目睹了这场精彩的太空"焰火秀"，无不为之震撼。只见"焰火"腾空而起，使覆盖在彗核表面的细粉状碎屑以5千米/秒的速度升腾，在彗核上空形成一片云雾。这些细粉中含有水、二氧化碳和

简单的有机物。由于细粉形成的云雾的遮蔽，人们无法准确观测撞击后形成的坑的大小，但猜测这个坑的直径为 50～250 米，深度大于 50 米。飞船在"深度撞击"前后拍摄了约 4 500 张照片，成为重要的科技信息资源。

目睹了这一激动人心的场面后，人们不禁会问：为什么要去撞击彗星？

这是因为地球的年龄虽有 45 亿年，但由于地球上古老的岩石经过风化侵蚀、地质变迁，早已面目全非，所以在地球上能够找到的最早的岩石也只有 40 亿年左右。而彗星却不一样，它们是冰冻的物质，保存着太阳系诞生时很珍贵的信息。在天文学上，彗星被称为太阳系的"化石"。这次深度撞击就是进入彗星内部，从彗星内部物质构成来认识太阳系，通过研究彗核深处的结构和组成，可以为研究地球和整个太阳系的起源问题提供重要的参考。

美国"深度撞击"号飞船与"坦布尔"1 号彗星即将撞击时的情景

再说，科学研究发现，过去彗星和其他小行星曾经频繁撞击地球，为地球带来水、冰和有机物，而在合适的条件下有机物可能演化为生命，所以研究彗星对于揭示地球和宇宙生命的起源具有重要意义。

还有，1994 年的彗木相吻时，引发了人类对于彗星碰撞地球的担忧和警觉。从保护人类的角度出发，科学家可以通过这次太空之吻实验取得一些技术参数，以后一旦出现彗星碰撞地球时，人类就可以借鉴现在的试验所取得的经验，提出相应的解决办法，比如采用核爆炸的方法，改变彗星的运行轨道或者摧毁彗星，以避免对地球的危害。

撞击成功后，一位科学家说："这次撞击撞开了一座科学的宝库，里面装满了人类万分渴求的知识。"

碧海蓝天，人类可爱的家园

如此看来，关于地球和海洋形成的新假说，不仅理论上能自圆其说，更是得到了人类最新观测成果的有力支持。

现在，还是让我们接下去看看地球和海洋是怎样继续演化的吧。

地球内部的增热使物质重新分布，也把地表和大气弄得一塌糊涂。可是，地球内部放射性物质释放的热能并不是无限的，它必然越来越少，越来越弱。因此，原来冷凝的地球，在发了一阵"高烧"后，便逐渐冷却下来。地球外部冷却最快，终于凝固了，变成地壳。地球内部的物质冷却得慢，直至今天，仍有成百上千摄氏度的高温，保持着可塑性的熔岩状态，也就是今天人们所说的地幔。

这些被封闭在地壳下面的地幔物质，由于高温、高压，仍要不停地翻滚对流。翻腾的岩浆虽然也可在一些地壳薄弱处冲出地表，形成火山，但毕竟是强弩之末，与地球形成初期的那种疯狂状态不可同日而语。

大约在 20 亿年前，地球上的气体经过一系列的反应后，终于出现了氧。它与海洋和大气中的碳化合，彻底改变了地球的面貌。大气不再是一片漆黑，海水也不再是一片混浊。我们的家园、我们的摇篮，变得比较洁净、蔚蓝、可爱了，这就为生物的出现和人类的生存提供了可靠的基础。

虽然这些假说包含的科学理论渐渐被越来越多的人接受，但仍然有待不断补充和修改，仍然有许多争论，远没有达到完善的地步。

我国和其他一些国家计划进一步开展太空观测和宇宙空间探索，相信这个没有讲完的故事将会有更加精彩的续篇。

千姿百态的海底地貌

海底究竟是什么模样

如果把海水抽干，我们所见到的海底会是什么样子？

在人类的足迹已踏上遥远的月球时，我们对近在身边的海底，却还不甚了解。因为它上面覆盖着厚厚的海水，漆黑寒冷，压力又高，而且危机四伏，甚至连无线电波也传不进去，这样恶劣的环境，无疑是人类的一块难以逾越的禁地。

古人最初断定海洋是没有底的。比如，古代希腊人曾经画过一幅"世界地图"，图中在地中海通往大西洋的出口处有一个"海格里斯神柱"，神柱上写着"到此止步，勿再前进"，说是前面有个"无底洞"。因此，谁也不敢越过神柱一步，而一些远航者则常受人嘲笑，好心人还劝他们不要越过去，以免作无谓的牺牲，连人带船一起掉进"无底洞"去。

可是，腓尼基航海家却不信邪说，偏要冲过神柱，去无底洞里闯一闯，看看无底洞究竟是什么样子。

公元前四百多年前的一天，勇敢的腓尼基商船队队长汉诺终于下了决心，率领

《普丁格地图》上的海格里斯神柱

一支由 60 艘船组成的探险队，从繁荣的迦太基城（今突尼斯境内）出发。水手们提心吊胆地在地中海温暖的海面上向西驶去，越接近神柱，心情越发不安，不知道什么命运在等待着他们。当他们驶近神柱底下，瞧着那高耸的悬崖突兀地在海中升起时，不少水手紧张了，以为那大地的边缘就在悬崖后面，海洋无底洞正在向他们招手呢！

然而，水手们并没有后退，强烈的好奇心和探索欲望驱使他们继续西进，去亲眼瞧瞧那神秘的地方，见识见识那令人却步的海洋无底洞。

60 艘船依次向前行驶。突然，一阵漩涡袭来，扰乱了航船的整齐队形。接着，一股逆流又把航船向后冲。水手们慌乱了，不知所措。

少数胆小的水手仿佛感到无底洞就在前面，逆流是死神发出的威胁，以示警告，因而不愿航行下去，要求调转船头；而更多的人仍想试探着航行下去。他们当然不会知道，那漩涡，那逆流，并不是什么死神发出的警告，而是大西洋海水从直布罗陀海峡流入地中海的结果。

腓尼基人越过神柱

汉诺传下命令，在越过神柱的关键时刻，谁也不准动摇前进的决心，否则将受到严厉的惩罚。

水手们鼓起最大的勇气，小心驾驶着航船，在不安之中与漩涡和逆流搏斗着。出乎意料的是，随着神柱渐渐远去，继而消失，船队来到一片浩瀚无垠的海域，海域的前方仍然是一望无际，水天一色，谁也没有见到大地的边缘和所谓的海洋无底洞。

从此，海洋无底的传说不攻自破。

但是，有人又说，既然海洋有底，那它必然像一口巨大的锅，四周浅，中间深，最深的地方就在海的中央。至于海底的细枝末节，谁也说不清楚。

有没有一种办法，能让人透过厚厚的水层看到海底的真实面貌呢？

20 世纪中叶以来，一种新的仪器问世了。使用这种先进的仪器，人们仿佛

真的长出了一双"千里眼",把海底看得清清楚楚、明明白白。后来,又有更先进的探测仪器,甚至还能驾着深潜器去海底做近距离接触。这样一来,人们对海底的了解就有了突飞猛进的进展。呈现在人们眼前的洋底,再也不是一口周围浅、中央深的巨锅,再也不是平坦、单调的死寂世界,而是复杂多变、姿态万千。洋底既有高耸的海岭、成群的海山,又有宽广的高地、坦荡的平原,还有巨大的洋盆、深邃的海沟。洋底地形崎岖的程度并不亚于陆地。

尽管各大洋的洋底地形千差万别,各不相同,但它们有着许多共同点,都是由一些基本的地形单元组成的。这些基本地形单元大致有 7 种。大陆架和大陆坡是人们最熟悉的。大陆基和海沟—岛弧,知道的人就不多了。因为这 4 种地形紧邻大陆,所以地质学家把它们统称为"大陆边缘",意思是大陆与海洋连接的边缘地带。此外还有大洋盆地、大洋中脊、海山和其他海底隆起。这些地形单元各有特点,与人类的关系也各有不同,它们八仙过海,各显神通。

高科技绘制海底地形

要了解海底是什么模样,首先必须了解它的深浅。

长期以来,人们都是利用铅锤测深,将铅锤投入海中,当铅锤触底时,放出的绳长即为水深。这种方法虽然简便,但有局限性,因为深度越大,绳子就越长,以致人无法将又长又重的绳子拉上来。后来采用绞车,把绳索缠在绞车上,这样放下去和拉上来就方便多了。不过绳索过长,绞车过于庞大,人力也难以操纵。于是,气动绞车、电动绞车便应运而生,并且用坚固的钢缆代替一般的绳索。可是这样一来,就不易感知铅锤是何时触底的,钢缆在水中因受海流冲击也难以保持垂直,因而测深的数据就很不可靠。再说,这种测深方法必须停船进行,耗时过长,测量几千米深的海底,得花上好几个小时,工作效率非常低。同时,这种测量方法还必须一个点、一个点地进行,测量一次只能了解一个点的深度,无法获得海底地势的全貌,因而代表性极差,许多海底地貌特征无法反映出来。

请看两张根据不同资料绘制的同一海域的海底地形图吧。下面那张图是用现代化先进的回声测深仪连续测得的海底地形,上面那张图是用钢缆测深法测得的海底地形,它共有 15 个测深记录。显而易见的是,钢缆测深法测得

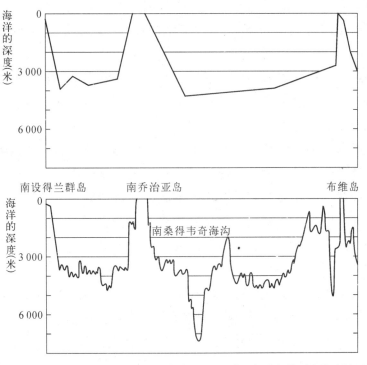

用钢缆（上图）和回声测深仪（下图）测量大西洋深度时所得到的海底地形图

的地形非常简单，与实际情况相距甚远，必须寻找更有效的测深方法。

　　1912年，英国建造了一艘当时最先进、最豪华的邮轮——"泰坦尼克"号，引起全世界的瞩目。然而，不幸的是，就在它作横渡大西洋的处女航时，突然与冰山相撞，沉没在3 600米深的海底，1 517人罹难，成为人类历史上最惨重的海难事故。事后，为了寻找这艘沉船，专家们竭尽全力，利用声波在水中以一定速度作直线传播并能从海底反射回来的特点，研制出了回声测深仪。在第二次世界大战中，由于军事上的需要，回声测深仪得到广泛应用，并在技术上不断发展和完善，成为军事上、航海上和海洋测深中不可或缺的仪器。

　　声波在空气中能传播，也能反射。我们在山谷中大喊一声，不一会儿就能听到回声，这就是声音遇到山谷岩壁的阻挡而反射回来，再一次进入我们耳中的结果。听到回声的快慢，与山谷离我们的远近有关：距离越近，听到回声的时间越快；距离越远，听到回声的时间就越慢。由于声波在空气中的传

播速度是一定的，因此只要将发声和听到回声的时间间隔乘以声波传播的速度，便可得到声波传播的距离，这个距离的 1/2，便是我们与山谷之间的距离。

声波在海水中同样能传播与反射，而且它在海水中的传播速度比在空气中快得多。当声波遇到海底时，它也会反射回来。回声测深仪就是根据上述原理研制出来的。

现在的回声测深仪是利用换能器在水中发出声波，当声波遇到障碍物而反射回换能器时，根据声波往返的时间和所测水域中声波传播的速度，就可以求得障碍物与换能器之间的距离。声波在海水中的传播速度，随海水的温度、盐度和水中压强而变化。常温时海水中的声速的典型值为 1 500 米/秒，淡水中的声速为 1 450 米/秒。所以在使用回声测深仪之前，应对计算值加以校正。

若从发出声波到接收到回声的时间间隔为 10 秒，则水的深度应为 1 500 乘 10 再除以 2，为 7 500 米。可见，测量 7 500 米深的海底，只需要 10 秒钟的时间，其功效超过绳索测深的几百倍。这么快的速度，再也无需停船了，可以一边航行一边不间断地进行测量，以获得连续的海底起伏资料。通常是将所测得的深度标在特制的记录纸上，这样一来，记录纸上的曲线就与海底地形基本一致了。

潜艇发出的声波

被物体弹回来，传回潜艇

声呐

回声测深仪的出现，好像替人们配上了一副水下"千里眼"，使人们能准确地看清海底的起伏，是研究海底的一种重要工具和手段。

回声测深仪也有不足之处，因为它只能告诉人们测船航线上的地形起伏，而不能对海底进行平面性的测量。20 世纪 70 年代以来，又研制出了旁视声呐装置。旁视声呐发射的超声波波束有两个方向：一是水平方向，一是垂直方向。水平方向波束的角度很窄，为 1.5°～

$2.5°$；而垂直方向波束的角度则很宽，达 $10°\sim30°$。这样，发射的声波才能构成一个带状，覆盖住海底。随着船只的航行，这个带状海底就变成一个平面海底了。突起的海底和凹陷的海底所发射的回波信号不同，它们在记录纸上显示的颜色深浅也各异。于是，根据记录图纸，便可获得测船航线两侧海底平面带内的地貌图像，好像从空中拍摄一幅大地的照片。当然，回声测深仪和旁视声呐只能了解海底的地形，对探索海底的地质结构、沉积物属性等仍无能为力。要了解这方面的情况，还需要利用浅地层剖面仪、取样器等更现代化的仪器。

大洋中脊——海底的脊梁

在回声测深仪和旁视声呐等先进探测仪器尚未发明之前，人类对海洋底部的了解是十分粗浅的。凭想象和推测，人们总以为海底是单调而平坦的，离岸越远，深度越大，最深的地方应当在大洋中心。因此，一提到海底，人们总是把它比作一口四周浅、中央深的巨锅，似乎这是毋庸置疑的事实。然而，随着回声测深仪的问世，这种看法便受到越来越多的挑战。

说起来，开始使人们改变看法的还得归因于一次偶然的事件。

1918 年，第一次世界大战以德国的彻底失败而结束。战争耗尽了德国所有的物资和财源，而且还要支付巨额赔款，因此，战后的德国通货膨胀日趋严重，人民生活极度贫困，德国当局惶惶不可终日。此时，一位名叫哈勒的德国化学家，想出了一个增加财源的办法，说是大海里含有 550 万吨黄金，如果能设法提取 1/10，就可得到 55 万吨黄金。这么多黄金，不要说赔款，就是重建整个德国也不成问题。于是，他向当局打报告，提出建议，果然很快得到了批准，政府立即派了一艘名为"流星"号的海洋调查船供其使用。

哈勒信心十足地组织了一批人马，设计从海水中提炼黄金的工艺，并把"流星"号改建成一艘用于海水提金的活动工厂。"流星"号在大西洋上乘风破浪，日夜兼程，不断地从海水中把黄金提取出来；同时，也不断地使用刚问世不久的回声测深仪测量海深，以探明航路，保证航行安全。

由于海水中黄金的浓度太低，每升海水中只有 0.000 4 微克（1 微克等于百万分之一克），所以，尽管处理了一吨又一吨的海水，得到的黄金却是微乎

其微，连支付航行费用也嫌不足，这实在令人沮丧。

到了这时候，海水提金的梦想也许已经破灭，但另一种喜悦却从天而降，重新燃起了"流星"号上科学家们的热情。

喜从何来？

这种喜不是钱财，而是一种新的发现。他们发现当船来到浩瀚的大西洋中心部分时，海洋突然意外地变浅了。因为长期以来，海底"巨锅"的看法深入人心，总以为大洋中心部分是十分深邃的，而现在却出现了一个浅水区，着实令人惊诧。因此，这一发现，使"流星"号上的科学家们忘掉了提取黄金带来的烦恼，转而以满腔热情投入海洋测深工作中来。

经过许多科学家的不懈努力，后来果然在大西洋中央部分找到了一座高耸的水下山脉，这样一来，就无情地粉碎了海底"巨锅"的传统观念。

这条水下山脉，被称为"大西洋海岭"或"大西洋中脊"。它北起冰岛，南至非洲大陆南端的好望角西南的布维岛，蜿蜒曲折，如同两岸的轮廓一样呈S形。它耸立在深邃的洋底，高2 000～3 000米，是一条十分明显的浅水海域。全长15 000多千米，宽1 500～2 000千米，约占大西洋宽度的1/3。该中脊的顶部距洋面一般只有1 500～2 000米，与其两侧深4 000～6 000米的洋盆形成明显的对照。顶部有些地方露出洋面，形成许多岛屿，像一串串珍珠，撒落在大西洋中部。冰岛、亚速尔群岛等，都是"串珠"上的一粒粒"珍珠"。这些岛屿大多为火山岛，有些至今仍在喷发。

一般而言，陆地上山脉的顶部总是尖尖的。令人费解的是，水下的这些高大的山脉，其顶部却是平的，而且在其顶部的轴向部位，竟然有一条奇妙的裂谷，深2 000米，上部宽30～40千米，谷底宽仅1 000～2 000米，两岸陡壁夹峙，蔚为壮观。

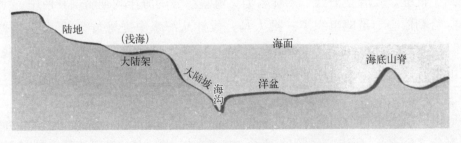

海底主要地形

为了探明这种令人费解的现象，20世纪70年代，法美两国科学家曾在此进行了深海裂谷探险。考察的结果，更令人费解：这条中脊并不是连续不断的，它被许多与中脊的裂谷相垂直的横切断裂带所切割。

　　在印度洋，同样是中央部分浅。这里有一条人字形中脊，由3条海岭组成：北支从亚丁湾向东南伸展至查戈斯群岛附近，称为卡尔斯伯格海岭，或阿拉伯—印度海岭；西南支从查戈斯群岛折向西南，称为西印度洋海岭；东南支从查戈斯群岛附近折向东南，延伸至阿姆斯特丹岛以东，称为东印度洋海岭。印度洋中脊和大西洋中脊一样，被一系列断裂带错开，并不断有浅源地震发生。

　　太平洋也有类似的情况，不过中脊位置偏东，且宽度较大，故称为东太平洋海隆。它高出洋底2 000～3 000米，宽2 000～4 000千米，边坡比大西洋中脊的边坡和缓，也没有大西洋中脊那样显著的裂谷。东太平洋海隆延伸至南美洲附近，大致与南美洲西海岸平行，到墨西哥西岸，隆顶部分进入加利福尼亚湾。

　　北冰洋的中脊沿南森海盆中部通过，长约2 000千米，宽约200千米，高1 000～2 000米。中脊顶部的裂谷也很明显，同样被众多的横向断裂切割。

　　后来，通过对各大洋进行的全面探测，又使人了解到，各大洋中脊并不

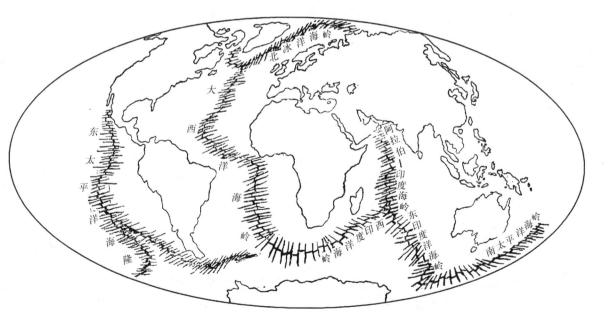

世界大洋中脊（海岭）的分布图

是孤立存在的，它们首尾相连。大西洋中脊在布维岛附近折向东南，绕过非洲南端的好望角进入印度洋，与印度洋中脊的西南支（即西印度洋海岭）相接。印度洋中脊的东南支（即东印度洋海岭）在阿姆斯特丹岛附近转向东行，在澳大利亚西南面进入太平洋，与东太平洋海隆相接。北冰洋中脊的一端与大西洋中脊在冰岛附近相连，另一端则潜入西伯利亚大陆之下。

由此可见，大洋中脊是一种全球性的体系，其总长度达64 000多千米，可绕地球赤道一圈半。各大洋中脊，仅仅是全球性中脊系列中的一小段。

大洋中脊的发现，不仅改变了人们关于海洋中央深、四周浅的老观念，同时还给人们对大洋的形成提供了一种新思索，证明了大洋是在中脊处诞生出来的这种全新概念，难怪有人形象地把大洋中脊比作"海底的脊梁"。

形影相随的海沟和岛弧

既然大洋中心不是海洋最深的地方，那么海洋最深的地方又在哪里呢？

说来也的确令人费解。根据大量的测深资料，发现海洋最深处大多位于海洋的边缘，这是传统观念无论如何也想不到的。

先来看看太平洋吧。在太平洋四周，有一系列深邃的洼地，它们呈长沟状，上宽下窄，深度都在6 000米以上，一条接一条地环绕着整个太平洋，人们称之为海沟，它们是太平洋最深的地方。环绕太平洋的海沟有29条，主要的几条海沟从北面的阿留申群岛南面开始，按逆时针方向依次为阿留申海沟（深7 822米）、千岛—堪察加海沟（深10 542米）、日本海沟（深9 156米）、琉球海沟（深7 790米）、菲律宾海沟（深11 515米）、伊豆—小笠原海沟（深9 810米）、马里亚纳海沟（深11 034米）、汤加海沟（深6 662米）。其中，菲律宾海沟是世界上最深的地方。不过通常认为马里亚纳海沟深度最大，为11 034米，那是苏联"勇士"号海洋调查船测量的数据。后来，英国考察船测得菲律宾海沟深达11 515米，但引用的人不多。本书仍将马里亚纳海沟看做是世界最深的海沟。

再看看印度洋吧。印度洋周围有5条海沟，它们是非洲塞舌尔的阿米兰特群岛附近的阿米兰特海沟（深9 074米）、澳大利亚西南的迪阿曼纳斯海沟（深8 230米）、爪哇岛南侧的爪哇海沟（深7 725米）、澳大利亚西侧的鄂毕海沟（深6 874米）和维马海沟（深6 402米）。

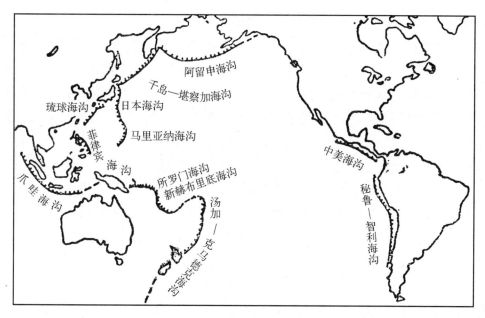

环绕太平洋的海沟分布图

大西洋的海沟只有 4 条，它们是波多黎各海沟（深 9 218 米）、南桑得韦奇海沟（深 8 428 米）、罗希曼海沟（深 7 856 米）和凯曼海沟（深 7 491 米）。这些海沟也都不在大西洋中心。

有趣的是，海洋中这些深邃的海沟，其外侧每每有高翘的海岛与之相伴，形影不离，构成一个独特的系统。因为这些相伴的岛屿多呈弧形分布，故将它们称为海沟—岛弧系。例如，与阿留申海沟相伴的是弧状的阿留申群岛；与千岛—堪察加海沟相伴的是堪察加半岛和千岛群岛，它们也是弧状；与日本海沟相伴的是弧状的日本列岛。不难看出，琉球群岛、菲律宾群岛、新几内亚岛、所罗门群岛、新赫布里底群岛和马里亚纳群岛等，也都是与海沟相伴的弧状岛屿。

海沟—岛弧形影不离，不要说在地质学家眼里，就是一般人看来，也绝不会是偶然的现象。海沟—岛弧系的发现，不仅把过去人们眼中单调的海底变得多姿多彩，而且使海洋深处更蒙上一层神秘色彩。

海底舞池——平顶山

借助回声测深仪，人们不仅发现了大洋中脊和海沟等大型的奇特地形，

还窥测到了海洋深处的另一秘密——奇特的海底舞池。

第二次世界大战期间，在美国海军服役的海洋地质学家赫斯教授率领"开普—约翰逊"号军舰前往太平洋值勤。由于任务不多，赫斯便利用这次机会进行横跨太平洋的海底测深工作，由此获得大量的深度剖面资料。事后他详细分析这些资料，惊奇地发现，在马里亚纳群岛一带4 000～5 000 米的深水洋底，有许多水下山峰突兀而起，其峰顶距洋面多在 3 000～4 000 米，少数也有浅至数百米的。最使赫斯诧异的是，这些山峰的顶部都十分平坦，好像原来那些尖尖的峰顶被巨人的利斧削去似的。1946 年，赫斯向全世界公布了他的发现，轰动一时。为了纪念他的老师——曾在美国普林斯顿大学任地学教授的法国地理学家盖约特，赫斯特地把这种平顶的海底山取名为"盖约特"，也有人把它称为"平顶山"或"平顶海山"。

海底平顶山的大小各地不一，有的长达 40～50 千米，宽 20～30 千米，像长条状的山脉；有的底部被海沟环绕。它们多分布在太平洋，约有 200 座。在太平洋阿留申海沟附近，它们离海面 2 700 米；在马绍尔群岛，它们离海面 1 200～2 200 米；在太平洋中部一般为 1 500 米；而在阿拉斯加附近，海底平顶山离海面只有 400～500 米。

海底平顶山

为了亲眼目睹海底平顶山的奇特外貌，曾有不少深海潜水员斗胆下海观察。一位潜水员观察后，这样来描述它们：

"从远处望去，它们好像是一片被砍伐过的森林，到处留着一个个高低不平的树墩。当我们来到它们上面，俯视着一切时，却像坐在一架客机里，鸟瞰着南美洲河塘中的大王莲；再近一点看去，啊！实在太妙了，它们又活像一座座华丽的大型舞池……"

那么，为什么在深深的海底，会有如此奇特的舞池？它们又是被谁的巨斧砍平了的呢？

赫斯认为，这些平顶山主要是火山喷发形成的。这些火山曾一度露出海面，成为火山岛。后来，由于海浪的作用，海山顶部渐渐被冲蚀、磨平而陷入海中，变为平顶山。

在平顶山上多次采集到圆形或半圆形的玄武岩鹅卵石，以及焦炭似的遍布细孔的火山浮石，证明这些海底平顶山的确是火山喷发的产物，因为玄武岩和火山浮石都来自火山。

海浪的威力有多大，竟能把巨大的海底山削平?

海浪的威力的确很惊人。人们曾见过巨浪把 1 700 吨的岩石打翻，把 13 吨重的石块从码头冲到海港入口。根据测量，拍岸浪的冲击力可达每平方米 60 吨! 这么大的力量，日积月累，把露出海面的火山岛摧毁、夷平，看来是不成问题的。

日本伊豆诸岛东南面的明神礁海底平顶山，原是一座海底火山。从 1870 年开始，火山断断续续喷发了 11 次，每次喷发后都在海面上形成一座火山岛。1952 年 9 月 17 日的那次喷发，形成了一座高出海面 90 米、直径约 200 米的岛屿。1953 年 8 月，它再次喷发，海岛再次露面。这座新生的海岛一出世，太平洋的滚滚波涛便不断袭来，冲上岩岸，把岩石打碎。随后海浪又挟带着被粉碎的石块、砂砾，向岛的纵深和山顶横冲直撞，真可谓是所向披靡。结果岛的岩壁不断崩塌，变成细小的碎块而被激浪和海流冲走。经过这样长年累月的冲刷，火山岛露出海面的部分便渐渐消失了，剩下来的淹没在水中的部分也变得顶部平坦，于是形成了平顶山。现在明神礁的山顶已降至海面之下5～6 米，将来肯定还会不断下降。

不过，海浪的高度随深度的增加而衰减得十分迅速，因此，在水下几十米处，海浪的力量就十分微弱了。而平顶山多在海面下几千米，看来仅靠海浪的作用，很难解释平顶山为什么会下沉到这么深的海底。

有人根据板块理论提出，由于海底是在不断扩张的，平顶山出世后，也将随海底的扩张而移动，并且越沉越深。这就是许多平顶山能沉到海面以下几百米、几千米的缘故。

平坦富饶的大陆架

如果将海水抽干，把视线从陆地缓缓移向海洋，我们就会看到有一片平

浅的海底，这就是大陆架。它像一圈浅浅的"裙边"镶在大陆周围，所以也有人形象地称它为"大陆裙"。

大陆架是大陆在水中的自然延伸，所以地质学家把它视为被海水淹没的陆地。它从海岸向海洋缓缓倾斜，直到有一个地方，海水突然加深，海底骤然变陡，这就是它的终点。确切一点说，大陆架的范围从低潮线起，直到海底坡度急剧增大的地方。

过去，人们对海底的情况知之甚少，就简单地把 200 米作为大陆架外缘水深。实际测量下来，才知道这种看法并不正确。因为大陆架外缘海底坡度急剧增大的地方，其深度在大多数海区并不是 200 米。根据最新的测量资料，地质学家们认为把大陆架外缘水深定为 135 米比较恰当。不过各海区差异很大，有的海区仅几十米，而不少海区还超过 200 米。如西伯利亚和阿拉斯加岸外，不到 75 米；北美加利福尼亚岸外有的地方竟可达 900 米。所以，大陆架外缘以某一特定水深来定义并不妥当。现在，多数国家都认为以坡度急剧增加的地方的深度来划分是适当的。

大陆架是一个非常平坦的海底区域。就全球而论，大陆架的平均坡度仅为 0°07′。也就是说，自海岸向外伸展 1 000 米，深度仅增加 1.5 米。倘若一个身高 1.8 米的人向海中走去，走了 1 000 米，海水还淹不到他的肩膀呢！所以把大陆架看做是大陆在水中的延伸，或者是被海水淹没的陆地，毫不过分。

大陆架并不像桌面一样平坦。在大陆架的大型地形上，仍分布着许多坑坑洼洼、高低不平的小型地形。我们之所以说它平坦，是因为它上面的这许多小型起伏，与整个浩大的大陆架相比，是微不足道的。这就好像我们从飞机上俯视广阔的田野时，田野是极其平坦的；但当我们站在田埂上观看时，显然看到的田野是起伏不平的。

就整个海洋来说，大陆架的平均宽度为 75 千米，但各地很不相同，宽窄相当悬殊，有的宽达 1 000 千米以上，有的几乎完全缺失。中国近海大陆架比较宽广，整个黄海都处在大陆架上，宽度达 750 千米；东海的大陆架宽度为 560 千米；南海珠江口外的大陆架宽度也有 270 千米。

全球大陆架面积为 2 712 万平方千米，占海洋总面积的 7.5％。

宽广的大陆架是人类在海洋中的近邻，与人类的关系十分密切，是人类最早开发利用的地方。它有广阔的海滩可供水产养殖和晒盐；有富饶的渔场供人们捕鱼；有优良的港湾、河口供人们建设港口，发展海运事业；又有丰富的石油、天然气、滨海砂矿和贵重金属矿藏可供开采；还有大片滩涂供人们围海造田；许多风光秀丽的海岸，更为人们提供了游泳、冲浪、旅游、休闲、度假的好去处。

大陆架对人类是一个非常重要的区域，是海洋开发的前沿阵地。

陡峻多峡谷的大陆坡

从大陆架往深海方向看去，在大陆架的尽头，海水突然加深，海底骤然变陡，出现一个明显的斜坡，这就是大陆坡，也叫陆坡。

大陆坡止于何处？大约在水深 2 000～2 440 米的地方。

大陆坡的陡峻程度比大陆架大得多，坡度为 3°～6°，平均为 4.3°，相当于每 1 000 米的水平距离，深度增加 75 米。不过各大洋差异较大，有些地方，如斯里兰卡岸外竟达 35°～45°，地势十分陡峻；有些地方则完全没有大陆坡。

大陆坡的宽度也很不均衡，窄的地方只有 15 千米，宽的地方有 100 多千米，平均为 70 千米。全球大陆坡面积为 2 792 万平方千米，占海洋总面积的 7.7%。

大陆坡是大陆架与深海底之间的过渡区域。这里的地壳活动性强，火山、地震较为频繁，断层十分发育。强烈的地壳活动会使海底塌方，产生滑坡，还会引起海底浊流和其他海流的侵蚀，从而使这一区域的地形变得比较复杂，表面崎岖不平。

要是仔细观察一番，一种奇特而显著的地形就会呈现在眼前，而且比比皆是。

这是什么地形呢？

这就是"海底峡谷"。

海底峡谷像一条条伤痕累累的伤疤，深切于陆坡之上，好像陡峭的 V 字形深谷，谷壁最陡可达 40°以上，十分陡峻。尤其引人注目的是，这些峡谷的走向很有规律，多半垂直于大陆坡边缘，从大陆架外缘开始，横切整个大陆坡，止于 2 000 米深处。

有些海底峡谷特别长，甚至可以切穿整个大陆架，与现代河口相连。

只要稍加留意，你还会发现，这些海底峡谷，蜿蜒曲折，婀娜多姿，而且有许多树枝状的分叉。当然也有少数呈现单调的直线形状。它们的长短相差悬殊，有的仅几十千米，有的则长达好几百千米。它们的下切深度往往都很大，几百米深是很常见的，有的甚至可下切到几千米深，十分壮观。

在不少海底峡谷的末端，还能见到许多沉积物，这些沉积物是从大陆来的陆源沉积。这就十分清楚地告诉我们，海底峡谷就像一条条通道，把陆源物质从大陆输运到深海区。

可见，大陆坡虽然离大陆较远，通过海底峡谷，仍然保持着与大陆的联系。

世界上最著名的海底峡谷是非洲西海岸刚果河河口的海底峡谷。这条峡谷在刚果河口只有约100米深，但是当它伸展到距河口不到200千米的地方，深度就增大到2 200米，足见它是非常陡峻的。

北美洲大陆东南岸外的海底峡谷群也很有名。这里在不到100千米长的范围内，就有9条海底峡谷。这些峡谷有许多分叉，好像树枝那样，纵横交错，使地形变得十分复杂。

大陆架、大陆坡、海底峡谷、大陆基

与印度的恒河河口相连的海底峡谷，从大陆坡一直延伸到 3 000 米深的海底，它也有许多分叉，像树枝状分散开来的谷道，其末端一直可伸展到 5 000 多米深的印度洋洋底，整个海底峡谷所占面积远远超过现今恒河 106 万平方千米的流域面积。

如此巨大而奇特的海底峡谷，是怎样形成的呢？

有一种观点认为，海底峡谷就是过去陆地上的峡谷，它们是由陆地上的河流冲刷形成的。后来，由于海平面升高，一些陆地峡谷被海水淹没，因而成为海底峡谷。

如果这种说法正确，那就意味着海平面升高了好几百米，这似乎不太可能。于是，又有人提出，可能是由于陆地下沉，使陆地上的河谷沉入海底，这样也可能变成海底峡谷。

这种说法用来解释大河河口的海底峡谷似乎还说得通。但是，世界各海区的海底峡谷大多数并不与大河的河口连接。因此，多数地质学家提出，海底峡谷是由海底的一种独特的浊流作用形成的。

海底浊流是海底附近挟带着大量泥沙的浑浊水流，当它沿大陆坡顺坡泻下时，就会产生强大的侵蚀能力，把海底切割成深槽，并不断加深拓宽，久而久之，就形成海底峡谷。

然而"浊流说"也不完善。如加利福尼亚岸外的圣路加斯海底峡谷，谷壁是坚硬的花岗岩，要是海底浊流也能对这种硬石头发挥作用，那太不可思议了。因此，有人又提出，在那些坚硬的海底区域，必须原先就有断裂带存在，"浊流说"只有在原来断裂带的基础上不断刨蚀，才能把海底冲蚀成峡谷。

总之，关于海底峡谷的形成，还有待继续探索。

如同扇形的大陆基

从陡峭的大陆坡再往深处看去，地形又变得平缓了，这就是大陆基。

大陆基像一把巨大的扇面平摊在水深 2 000～5 000 米的地方，缓缓地向着大洋方向倾斜，因此人们称它为深海扇或深海冲积扇。

大陆基的平缓程度虽然不及大陆架，但比大陆坡要平缓得多，坡度一般小于 0.5°。大陆基的地势比较宽广，通常在 100～1 000 千米之间。全世界大

陆基的面积为 1 924 万平方千米，占海洋总面积的 5.3%。

为什么在陡峻的大陆坡之外，会出现地势再次平缓的大陆基呢？

起初，人们以为这里是平坦的大洋底的一部分。但为什么大洋底部会出现像扇子一样的地形呢？显然这无法解释。

后来，科学家根据大量海洋调查资料，进行了详细的分析研究，发现这里不仅有厚达 10 千米的沉积物，而且这些沉积物主要是由大陆上的泥沙和生物碎屑组成的。十分明显，大陆基的形成与大陆有着密切的关系。

深海扇

原来大陆基也是海底浊流带来的产物。浊流中源于大陆的泥沙，实际上是陆地上江河带入海中的。强大的海底浊流挟带着大陆架上的大陆泥沙，沿陡峻的大陆坡向下奔流，在完成刻蚀海底峡谷的任务后，势头大减，最终在坡麓停息下来，并将其所携带的泥沙堆积在那里。千万年过去了，在大陆坡的坡麓，便形成一片片宽广且沉积物巨厚的平坦地区——大陆基。由于向下倾泻的泥沙流，在坡麓堆积的时候，其中心部位伸展得最远，于是便出现了扇面的形状，叫做"深海扇"。

由于深海扇的存在，使得大陆基的沉积厚度十分可观，可达 10 千米，平均也有 2 000 米，是海洋的主要沉积带。

这些巨厚的沉积物，是在海底贫氧环境中堆积而成的，富含有机质，所以具有生成油气的良好条件，是潜在的油气富集区。

当大陆架的油气资源已开采了半个多世纪、资源量有逐渐下降的趋势时，人们的眼光又瞄准了大陆基，准备在这里大干一番，以获得更多的油气资源，因而一下子把这里与人类的距离拉近了，荒凉的大陆基海域顿时变得热闹起来了。

宽广深邃的大洋盆

在大洋中脊与大陆基或海沟之间，海底呈巨大的盆状凹地形状，深度从大陆基一直伸展到 6 000 米，这就是大洋盆地，简称洋盆。洋盆的面积为15 152万平方千米，占海洋总面积的41.9%。

洋盆没有光线，水温很低，压力很大。长期以来，人们以为那里如同荒漠，毫无生气。因为在这样恶劣的环境里，生物实在是难以生存的。但是，随着探测手段的不断改进，也随着海洋调查覆盖的面积和深度不断扩大，这种看法被彻底改变了。

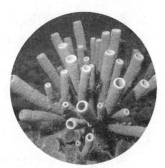

海绵

现在，科学家们在深海底不仅寻找到了生物，而且品种繁多。从 2000 年起，许多国家开展了海洋生物普查工作，在大西洋北部的冰岛至亚速尔群岛之间的近 4 万平方千米的海底山脉，有了令人惊叹的发现：在坚硬的峭壁上，爬满了多姿多彩的海绵、海星、海参；在软泥中，生活着形状怪异的蠕虫以及鱼、虾、蟹等；还有不少新的物种。尤其是在 2005 年，科学家们发现的浑身透明的"种子虾"、把粪便堆成螺旋状的"螺旋虫"、胃部能发光的海虫以及浑身发蓝光的灯笼鱼，都是人们不曾见过的新物种。参与调查的研究人员称："经过此次海底探测，我们发现这是一个全新的海底世界。"

种子虾

深海底不但有生命，还有大量的珍奇异宝，吸引着全世界的目光，致使各国科研人员争相前往勘察，大洋探宝热正在兴起。

大洋盆地远离大陆，江河泥沙无法到达，其沉积物是石灰质软泥和硅质软泥。这是繁殖在大洋上层的浮游生物的石灰质和硅质骨骼，沉到洋底堆积而成的。在深度大于 4 700 米的深海底，由于压力增大，石灰质的沉积物因溶解作用而消失，故几乎只剩下清一色的红黏土，好像给海底铺了一层红色的地毯。

广阔的洋盆，并非人们过去想象的单调而平坦，它如同陆地一样，千岩竞秀，万壑争流，有深海平

螺旋虫

原、深海丘陵，有海岭、海山和海槽等次一级地形，丝毫不逊于陆地。

深海平原是大洋盆地中的第一主角，坡度极其微小，一般小于万分之一，是地球上最平坦的区域。

深海丘陵是大洋盆地的第二主角，起伏比较和缓，通常由直径1 000～5 000米的一系列圆形或椭圆形峰顶组成。这种地形在大洋盆地中分布很广，尤其在太平洋，几乎占了洋底面积的80％～85％。

海岭是狭长的海底高地，往往由链状的海底火山构成。它与大洋中脊在构造上完全不同。它是在后期地壳的运动作用下沉到海面以下形成的。它不是海底扩张的中心，也缺乏地震活动，故常被称为无震海岭。海岭高出水面形成岛屿，如夏威夷群岛。

海山是两侧较陡、地形上大体孤立、且相对高度在1 000米以上的近似圆锥形的海底高地。有些海山顶部平坦，称为平顶山，顶部距海面约1 000米。绝大多数海山为火山成因。

海槽是海底长而狭的凹地，无论长度和深度都比海沟小得多，它往往分布在深海平原与火山链相邻接的地方。

五颜六色的海底

海底的地形是多姿多彩、形形色色的，海底的颜色也不单调。如果能把海水抽干，那么，出现在我们眼前的海底，将是斑斓绚丽、五彩缤纷，犹如画家打翻了的调色盘，令人眼花缭乱，目不暇接。

在热带和亚热带远离大陆、深度大于4 700米的广大深海洋底，几乎都被一层鲜艳的黄色、红色和褐色黏土——红黏土所铺盖。这是一种颗粒极细（直径小于5微米）的沉积物，80％以上为泥质，但生物遗骸极少。这主要是因为海洋上层的生物遗骸沉降至这样大的深度时，绝大部分已被消耗殆尽了。它呈现出黄、红、褐等颜色，是由于其中含有丰富的铁、锰化合物而形成的。

红黏土铺盖的面积十分广阔，约有10 200万平方千米，占深海面积的31％。尤以在太平洋的分布最广，约7 030万平方千米，占太平洋深海面积的43％。红黏土在大西洋和印度洋分布较少，其面积在大西洋为1 590万平方千米，在印度洋则为1 600万平方千米。

在热带和亚热带水深小于4 700米的海区，又是另一番景象。那里红褐色的红黏土消失了，代替它的是一种乳白色有时为淡蓝色的疏松沉积物，叫做有孔虫软泥。它覆盖的面积比红黏土还要大，约有12 640万平方千米，占深海面积的39％，是最重要的深海生物源。其中在太平洋的分布面积为5 190万平方千米，大西洋为4 010万平方千米，印度洋为3 440万平方千米。

电子显微镜下形态迥异的硅藻

在寒冷的南纬50°～60°的环球带海域以及太平洋西北部海域，情景又有些不同，那里主要被棕黄色的硅藻软泥"盘踞"。它是一种主要为硅藻遗骸（硅质细胞壁）与黏土组成的软泥，分布面积为3 110万平方千米，约占深海面积的9.5％。其中分布在太平洋的有1 440万平方千米，大西洋为410万平方千米，印度洋为1 260万平方千米。

在炎热的赤道附近5 300米深的海底，一眼望去，一片灰绿。这是放射虫软泥带来的色调。放射虫也是一种海洋生物，主要在赤道附近繁殖，它死后的遗骸沉入海底，与其他生物遗骸、矿物碎屑混合在一起，构成放射虫软泥。它覆盖的面积较小，总共约1 000万平方千米，占深海面积的3％，其中以分布在太平洋的面积最大，约700万平方千米。

冰天雪地的极海区域，其海底呈浅灰绿色或浅棕褐色，这是冰川沉积物的世界。冰川沉积物是冰山融化后，其所携带的物质沉至海底而形成的。以黏土和沙组成的冰川泥为主，含有石英、长石、云母、角闪石和伊利石等矿物，有机质含量很低。

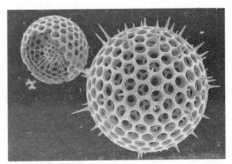

电子显微镜下的放射虫

洋盆是怎样诞生的

地图里有了新发现

　　许多人都看过地图，并没有发现什么问题。但德国的一位叫阿尔弗莱德·魏格纳（1880—1930）的气象学家，却在看世界地图时发现了一个很有趣的现象：大西洋两岸的轮廓十分相似，都弯曲得如同S形。如果把它们拼合在一起，简直不留什么空隙，好像原来就是一块大陆，后来分离开来，才出现了大西洋。

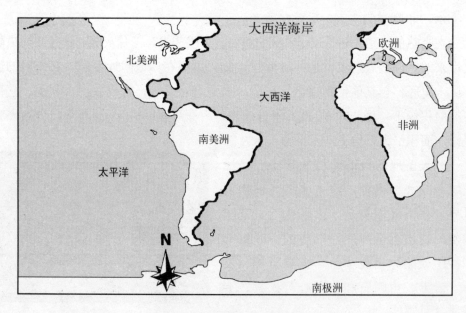

大西洋两岸的轮廓十分相似

　　起初，魏格纳觉得自己的想法很好笑。因为如果两岸的陆地原来真是连在一起，后来才分开来，哪有如此大的力量来推动它们呢？哎，这实在是太异想天开了。于是，他把这个想法置之脑后。

　　一个偶然的机会，魏格纳读到一篇论文，说是根据古生物的证据，巴西与非洲之间曾经有过陆地相连。这使魏格纳兴奋至极，看地图时萌发的那个想法又回来了。

　　于是，他从生物学、古生物学和大地测量等方面入手，来为自己的想法找寻证据。

　　魏格纳想，大西洋两岸如果曾经相连，那么，生活于其上的物种必有亲缘关系。而根据达尔文的物种起源理论，相同物种一定起源于同一个地区，不可能分别在相隔遥远的地区独立形成。他后来回忆说：

　　"大陆移动想法最初是这样来的……当我研究世界地图时，大西洋两岸的相似，使我得到很深的印象。但当时我并没有怎样去管它，因为我认为这是不太可能的。在1911年秋，由于偶然搜集到一些参考材料，我开始熟悉一些关于巴西和非洲之间以前有过大陆连接的古生物证据，这是我过去所不知道的。这就促使我对地质学和古生物学这方面的研究成果进行迫不及待的分析研究，并由此得出了重要的肯定结论，使我深信我的想法是基本正确的……"

　　魏格纳为自己的想法找到了支持，更增强了自信。你看，大西洋东岸的英国和德国等地有一种园庭蜗牛，大西洋西岸的北美洲也有。蜗牛一向以步履缓慢而著称。倘若不是两岸曾合二为一，凭它这样的本事，岂能乘风破浪，远涉重洋，从一岸迁徙到另一岸？

　　当然不止是蜗牛，蚯蚓的分布也能提供见证。如有一种蚯蚓广泛分布在欧洲，甚至中国、日本也有，但在大西洋彼岸却只见于美国东部，在美国西部毫无踪迹。美国东西部陆地连成一片，而其东海岸与欧洲则为重洋所隔，如果不是美洲东岸曾与欧洲相邻，何以蚯蚓能横渡浩瀚的大洋而不能越过连在一起的陆地呢？

　　古生物亲缘关系的论证更有说服力。

　　在巴西的石炭—二叠纪地层中发掘到的一种叫中龙的爬行类化石，它也出现在南非的石炭—二叠纪地层中，而在世界上的其他地方，从来都没有发现过

中龙化石

这类化石。中龙是一种在淡水里生活的小爬虫，要不是大西洋两岸曾连为一体，它是不会有如此大的本领游过波涛滚滚、浩瀚无垠的海洋的。

再如舌羊齿是一种蕨类植物，它当然更不能像动物那样东奔西跑，可是，南半球大西洋两岸的晚古生代地层中，都广泛分布着舌羊齿的化石。要不是两岸陆地曾经相连，这种现象又怎么解释呢？

揭开洋盆起源之谜

当时，大多数地质学家都不同意魏格纳的观点。

他们认为，大西洋两岸的大陆不可能直接相连，倒是可能过去有过一座长长的"陆桥"架在它们中间，动物通过这座陆桥在大西洋两岸自由往来，植物的种子也可以自由传播，因而使两岸的物种极为一致。后来陆桥消失了，大西洋两岸才断绝了交往。

"陆桥说"的倡导者之一，德国科学家阿尔德特搜集了许多资料，来说明陆桥的确存在过。他采取的论证方法现在看来未免有些可笑。他把当时支持和反对"陆桥说"的人都找来，请他们提出支持的证据和反对的证据。有利的证据用"＋"号，不利的证据用"－"号。把统计结果列出来后，马达加斯加和印度的可能连接关系就显示出来了。他绘制了一张图，从图中人们一看就清楚，在澳大利亚、印度、非洲和马达加斯加之间，在非洲和南美洲之间，在欧洲和北美洲之间，过去都存在过陆地的连接关系。后来由于某种原因，这些陆地连接关系一个个似乎相继消失了。

当时大多数地质学家差不多都固守着传统的地壳运动观点，认为地球上的种种地形，如高山、深谷、丘陵、海洋，主要是地壳垂直运动造成的：地壳上升成为高山和丘陵，地壳下沉沦为深谷和海洋。所以，"陆桥"是最好的解释，有了陆桥，大陆就连起来了；陆桥沉没了，大陆便隔海相望。

魏格纳是一个具有反叛精神的探索者，一个逆潮流而上的人，他没有退缩。他想，为什么地壳运动只能是垂直升降呢？难道不能有水平的移动吗？比如，大西洋的形成以及两岸轮廓、物种的一致性，不可以是曾经连在一起的陆地水平撕裂的结果吗？

魏格纳还发现，大西洋两岸不仅物种相同，地层也可以完美地衔接起来。南非最南端东西走向的开普山脉，恰好可以和南美洲的布宜诺斯艾利斯低山相连，同属二叠纪的褶皱山系；两处山地中的泥盆纪海相砂岩层，含有化石的页岩层及冰川砾岩层，也都可以相互对比。巨大的非洲片麻岩高原的情形非常一致。在北美、格陵兰、挪威南部、英国等地广泛分布着的"老红层"，也表明这些地方当时实际上是连在一起的。

魏格纳想，如果大西洋两岸过去不连在一起，而是通过"陆桥"相通，其地质构造岂能如此一致？难道世界上竟有如此巧合的事？

"一点不错，"他激动地自言自语，"大西洋肯定不是什么陆桥下沉形成的，它是陆地撕裂并在水平方向漂移开来的结果。"

魏格纳在搜集了更多的证据和进一步研究后，1912年，年仅32岁的魏格纳发表了《大陆的生成》的论著，1915年又发表了《海陆的起源》的论著，从而诞生了全面系统的大陆漂移学说，引起全世界科学界的重视。

是大陆漂移生出洋盆吗

魏格纳的大陆漂移学说认为，地球上原本只有一块庞大的原始陆地，叫做泛古陆，被广大的海洋——泛大洋所包围。后来，这块大陆分裂开来，分裂的陆块像浮在水上的冰块，不断漂移，越漂越远，越分越开。终于，美洲脱离了非洲，中间留下的空隙就变成大西洋。非洲有一半脱离了亚洲，在漂移过程中，它的南端略有转动，渐渐与印巴次大陆分开，这样，印度洋也诞生了。还有两块比较小的陆地离开了亚洲和非洲，向南漂去，这就是澳大利亚和南极洲。随着大西洋和印度洋的出现，原来的泛大洋缩小了，变成今天的太平洋。

大陆漂移学说对根深蒂固的传统地质理论来说，无疑是一个另类的观点，一颗重磅炸弹，对旧的思维必然是一个很大的冲击，因而不可避免地招来四

2.4亿年前

1.8亿年前

600万年前

现在

大陆漂移过程

面楚歌，激起许多人的反对、嘲笑甚至挖苦。地质权威们责问魏格纳，深厚庞大、坚硬无比的大陆，怎么可能像冰块浮在水上那样灵活地漂来漂去？

美国地质学界认为这个学说荒诞不经，危言耸听，是魏格纳在痴人说梦。

知名学者张伯伦更是不客气地说，如果我们相信他的假设，那么过去 70 年来我们所学的岂不是要完全抛弃，一切从头来过吗？假如让这种理论在那儿撒野，那么地质学还能称得上是一门科学吗？

面对众多的责难，魏格纳没有退却，仍然坚持研究下去。反对者说大陆不可能像冰块在水面上漂移，他却坚定地说完全可能，因为陆地是由比较坚硬的硅铝质物质组成，大洋则是由比较柔软的硅镁质物质组成。硅铝质物质较轻，硅镁质物质较重。较轻的硅铝质大陆完全能够像冰川那样，浮在较重的硅镁质洋底上漂移。大陆漂走后，硅镁质洋底出露，便形成了洋盆。大西洋和印度洋是这样形成的，太平洋则是泛大洋缩小的结果。

尽管如此，反对者仍然不肯罢休。他们责问道，就算大陆能像冰块浮在水上那样漂移，那又是什么力量促使它漂移的呢？要知道，浮在水上的冰块如果没有任何动力，它是不会自动漂移的。

的确，大陆漂移的动力是一个连魏格纳自己也感到棘手的问题。

他起初认为，大陆漂移的动力来自地球自转的离心力，不过经过计算，这个力实在小得可怜，无法推动沉重的大陆块。再说，大洋底是坚硬的，根本不像魏格纳想象的那样柔软。坚硬的大陆要在坚硬的洋底移动，离心力是根本办不到的。

地球上找不到这个力，魏格纳又把目光转向月球，认为月球对地球的引潮力或许有这个能力。

令人遗憾的是，月球引潮力也很小，要让它去推动大陆，也不可能。

魏格纳陷入了山穷水尽的地步。随着 1930 年他赴格陵兰探险时不幸身亡，他提出的大陆漂移学说也就渐渐被人们冷落、遗忘，变成一个科学"幽灵"在地质学界飘荡。

随着海洋探测手段的提高和洋底地质资料的大量涌现，在 30 年后，这个"幽灵"又奇迹般地复活了，并以海底扩张学说和板块理论的崭新姿态呈现在世人面前，成为地球科学领域里的一道靓丽的风景线。

古地磁学提供证据

20 世纪 20 年代，魏格纳的大陆漂移学说轰动一时之后，由于找不到漂移的动力，昙花一现地沉寂了。可是，想不到时隔 30 年后，看上去貌不惊人、遍地皆是的岩石，帮了魏格纳的大忙，使他的大陆漂移学说起死回生，重放异彩。

第二次世界大战后，一些科学家发现岩石具有磁性。这种磁性是岩石在冷凝过程中从当时的地磁场中获得的。显然，这种磁化的强度和方向是与岩石形成时的地磁场的方向一致的，称为岩石的剩余磁性。由于它相当稳定，故可用来追溯古代地磁场的强度和方向。这门新兴的学问叫做古地磁学。

既然岩石的磁性是从磁化时的地磁场中获得的，那么，根据岩石中的磁场方向，就可以知道当时地磁场的方向，从而推知当时的地磁场的地磁极位置，还可以计算出岩石被磁化时所处的地理纬度。按照这样的原理，人们对地球上各个地区不同时代的岩石磁性进行了大量的测定，了解到古代磁极的位置在各个不同时期的差异是非常大的。把各个不同时期的磁极位置用线连起来，就能勾画出历史上的磁极移动路线。

人们研究后发现，北美洲和欧洲各有一条磁极移动路线，它们形态相似但并不重合。这使人迷惑不解：地球上任何时候都只能存在一个磁北极（当然还有一个磁南极），为什么古代地磁极会有两个呢？后来又发现其他大陆也有类似的情况。对此，人们无法解释。就在这时，大陆漂移学说的幽灵飘荡而至。

有人想，既然各大陆的磁极移动路线形态相似却不重合，很可能是大陆移动过。如果把北美和欧洲大陆连接起来，"挤走"大西洋，那么，两条磁极移动路线就会重合。

两条磁极移动路线之所以相似而不重合，是因为大陆的位置已经发生变化，也就是说大陆发生了漂移。如果按照魏格纳的模式，把地球上的所有大陆复原到统一的泛大陆，那么，其他几块大陆的磁极移动路线也都能神奇地重合在一起。这样，古地磁所揭露出来的事实，无可辩驳地向人们证实大陆的确有过移动，大西洋也的确是大陆块撕裂而成的。从此，对大陆漂移学说的研究又重新掀起热潮，飘荡的"幽灵"开始苏醒。

新的发现带来挑战

20世纪60年代以来，海底探测手段有了突飞猛进的发展，一系列重大的新发现闪亮登场，开始苏醒的"幽灵"迅速获得了新的生命。

在洋底情况几乎一无所知的情况下，一条长几万千米、比喜马拉雅山更为壮观的大洋中脊突然映入人们的眼帘，令人无比惊讶：怎么洋底还有如此宏伟的山脉？

中脊上的深大断裂带和排列在大洋边缘的海沟—岛弧系，还有与它们相伴的频繁活跃的地震，使地质学界大开眼界：洋底为什么有如此复杂的地质现象？

最有趣的发现是，大洋中脊两侧的洋底基岩和沉积物年龄呈奇妙的对称分布，而且离中脊越远，它们的年龄越老，沉积物越薄，成分也越简单。在中脊脊峰，沉积物普遍缺失。

此外，还有一个极其重要的地球物理现象——地热的分布也与中脊对称，并且中脊处的地热流值特别高，而海沟处的地热流值又特别低。

面对这许许多多的新发现，传统的地质学家一筹莫展，无所适从。而一些富有革新精神的地质学家则认为，这些现象，如果用大陆漂移学说来阐述，似乎能够获得解答。

怎么解答？其中自有玄妙。

我们曾经看到了，大陆漂移的动力问题一直令人头疼，久久不得要领，如果这个问题得不到解决，大陆漂移也很难有立论的基础。为此，美国海洋学家赫斯和迪茨一心一意地绞尽脑汁投入钻研。功夫不负有心人，终于，他们在英国地质学家霍姆斯等人提出的地幔对流机制的启发下，打开了新的思路。

原来，地壳下的地幔物质，由于温度很高，压力很大，始终处在熔融状态，像沸腾的钢水，不断翻滚、对流，产生强大的动能。霍姆斯的地幔对流观点认为，大陆是被动地驮在地幔对流体上漂移的，而不是像魏格纳认为的大陆像冰块那样浮在洋底上漂移的。霍姆斯还认为，岩石圈由大洋中部向两侧岛弧或大陆挤压带运动。

霍姆斯提出的大陆漂移方式，克服了魏格纳关于大陆漂移机制中的一些困难，可惜并没有引起人们的重视，一块宝石蒙上了尘土。当赫斯和迪茨拂掉宝石上的尘土，再次对霍姆斯的地幔对流学说重新审视后，眼睛突然一亮，如获至宝。他们的思路打开了，一个新的学说便在他们的脑海中渐渐形成。

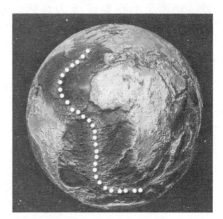

大洋中脊位置示意图

海底扩张分娩洋盆

霍姆斯提出的大陆漂移的方式长期无人问津，但是，当赫斯和迪茨两位年轻人再次审视霍姆斯的观点时，他们获得了新的思路。赫斯和迪茨设想，既然大洋中脊高高地耸立在大洋中部，上面的热流值很高，地震频繁，又缺少沉积物，还有奇妙的中央裂谷，这些奇特现象，很可能就是由于地幔对流，使地球深处熔融状态的岩浆在中脊处涌流出海底的结果。

可不是，岩浆不断上涌，自然会使海底越隆越高。而升高的海底，就是大洋中脊胚胎形成的前兆。待胚胎发育成长，一条巨大的"大洋中脊"就横空出世了。而中脊上火热的岩浆，顺理成章地会使中脊处的热流值升高。

岩浆冲出海底后，温度降低，压力减小，便会冷凝固结，变为新的洋壳。

但地幔涌升不会停止，它必然要继续下去。于是，在继之而来的地幔涌升流的驱动下，新洋壳会被撕裂开来，裂缝中又会涌出新的岩浆。这样，地幔涌升流不断涌升，新洋壳不断产生，并把老的洋壳对称地向两侧推移出去。

这样的解释，多么自然，多么巧妙，把新发现的众多海底现象，轻而易举地演绎得淋漓尽致。赫斯和迪茨对自己的这些设想的正确性也充满了信心。

看吧，当地幔涌升流的巨大力量把洋底抬升起来，形成大洋中脊的时候，就像陆地上的火山喷发一样，会伴随着强烈的地震，因此，大洋中脊浅源地震特别密集的现象就成为必然。而地幔涌升是在新近发生的，所以中脊处缺失沉积物也就在常理之中。

还有，由于地幔涌升是持续不断地发生的，这就会把老的洋底不断地推向两侧，不断形成新的洋底，难怪洋底总是"永葆青春"，比整个海洋和海洋里的水都要年轻得多。

此外，既然地幔物质在大洋中脊处向上涌升，总该有一条涌升的通道吧。那好，中央裂谷正是这条通道，这里就是海底诞生的地方。

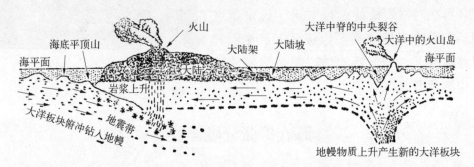

海底扩张示意图

对于海沟—岛弧现象，赫斯和迪茨的解释也是得心应手。他们说，洋底在扩张过程中，当其边缘遇到坚硬的大陆地壳时，扩张受阻，大洋地壳就向大陆地壳下面俯冲，重新钻入地幔之中，最后被地幔吸收、同化。俯冲的结果，在大洋地壳边缘出现很深的海沟。

同时由于挤压作用，海沟向陆一侧会顶翘起来，成为高耸的岛弧，致使海沟与岛弧总是形影不离。这样的诠释，实在是妙不可言。

大洋地壳就是这样始终不停地吐故纳新：在大洋中脊处诞生，至海沟处消亡。每更新一次约需 2 亿年时间。这就不难理解，为什么像太平洋这样古老的大洋，它的洋底却是年轻的，在洋底找不到比 2 亿年更古老的洋底岩石。有人把洋底不断更新的现象作了一个形象的比喻，说这是一只换了底的特大脸盆，这是比较确切的。而这种换底的方式无需把海水全部抽干，只是让盆底裂开，在裂缝中立即填补上新的洋底，把老的洋底不断推向两边清除掉就可以了。

鉴于此，赫斯和迪茨得出结论：地幔对流使洋底以中脊为轴，不断向两侧扩张，形成洋盆。

随着地幔对流的不断进行，洋底向两侧的扩张也不会停止，因而洋盆逐渐增大。

大陆地壳的深处，地幔对流同样在进行，它也能把大陆撕裂，产生裂缝，并不断扩张。有名的东非大裂谷，就是表明非洲大陆开始破裂的迹象。它可说是一个新大洋的胚胎，如果进一步扩张下去，就有可能变成一个新的大洋。有人估算，若以每年 5 厘米的扩张速率计算，至多再过 1 亿年，东非大裂谷就会变得和大西洋一样碧波万顷了。

这就是 20 世纪 60 年代初提出来的有名的"海底扩张学说"。

东非大裂谷

神秘的磁异常条带

诞生后的海底扩张学说，仍然遭到一些人的反对。为了拿出更充分的证据，科学家们又加紧了调查、研究。功夫不负有心人，终于，科学家们在大洋底部发现了神秘的磁异常条带，为证实海底扩张立下了一根强有力的支柱。

什么是磁异常条带？

磁异常就是洋底某处岩石的磁性强度和地球磁场的磁性不一致的情况。人们通过大量的岩石磁性调查，发现洋底的磁异常都是呈长条状排列的，并且与

大洋中脊平行。在这些长条上，磁性强度交替地发生变动，有一些比平均值高，有一些又比平均值低。有些条带比较窄，只有几千米，有些条带比较宽，达几十千米。这些磁条带，如果遇到切割中脊的大断裂带时，也会被切断错开。

洋底磁异常条带的这种奇特分布，早就引起了许多学者的兴趣。英国的两位地球物理学家凡因和马修斯一心要解开这道难题。他们对大量的洋底岩石磁性资料做了一番仔细分析后发现，洋底岩石的磁性分布除了上面说的那些奇怪特点外，还有磁性方向正反相间的有趣现象。那些和现今的地球磁场方向相同的叫正向磁化，反之则是反向磁化。正向磁化的大洋底岩石与反向磁化洋底岩石大体上分布各半，并且这些正反方向的磁化洋底岩石，也和磁异常洋底岩石一样呈条带状分布，并与中脊平行，形成中脊两侧许多对称分布的磁化方向正反相间的磁异常条带。

这一事实，使凡因和马修斯得到了很大的启示。他们想，洋底岩石的磁性是当它由熔融状态变冷时在当时的地磁场中获得的，具有当时的地磁场方向。按说洋底磁化方向应当是一致的，而事实上它们不一致，说明全球的洋底肯定不是在同一个时期形成的。他们还想，根据古地磁的研究，说明从古至今地磁场的方向不是一成不变的，它经历过许多次的 180° 倒转，即南极变为北极，北极变为南极。而现在又发现中脊两侧有许多与中脊平行的磁化方向正反相同的磁异常条带，这说明洋底是在不断新生、不断移动的。

想到这里，凡因与马修斯激动了，他们仿佛见到了大洋底部正循着赫斯和迪茨的学说在分离，在扩张；仿佛见到了地幔物质不断自大洋中脊顶部的中央裂谷涌出，形成新的洋底，并且新洋底冷凝时，沿着当时地球磁场的方向被磁化，把当时的地球磁场像录像磁带一样录制下来；他们还仿佛见到了随后涌出的地幔物质形成了更新的洋底，又录下了一条当时地球磁场的实况，并把先前的洋底推向两侧；如果这时地球磁场倒转，新形成的洋底就会在相反的地磁场中被磁化，形成与先前方向相反的另一条磁异常条带。既然地磁场经历过多次倒转，那么，由于新洋底于中脊处诞生和扩张，必然会把地磁场反复倒转的实况全部录制下来，因而很自然地在洋底留下一条条与中脊平行、磁化方向正反相间的磁异常条带。这两位青年学者在论文中断言："倘若海底发生扩张，则磁化方向正反交替的岩石地块就会由中脊轴部向外推移，并平行于洋脊顶峰延伸。"

磁异常条带既然是海底扩张和地磁场不断倒转的产物，因此，它就可以清晰地反映地磁场的倒转情况和洋底的生长年轮，记录下洋底扩张的历史和大陆漂移的踪迹。这样，人们不难根据地磁异常条带离开大洋中脊轴的距离，计算出海底扩张的速率。计算结果表明，太平洋的洋底单侧扩张速率约为每年4厘米，大西洋和印度洋约为2厘米。

六大板块你拉我扯

海底扩张学说通过对磁条带的研究得到了进一步证实后，人们又把目光转向那些切割大洋中脊的横向的断裂带上，看看这些断层与海底扩张有没有什么关系。

前面已经说到，大洋中脊并不是连续不断的，它被许多与中脊垂直相交的横向断裂带切割成一段一段。这到底是怎么回事呢？

反对海底扩张的人们说，如果海底真的在扩张，那么，由于两块洋底的水平错动，的确可以产生平移断层，形成这些横向的断裂带。不过这样一来，大洋中脊被切割开来的每一段的距离，将会越来越远，不可能像现在这样靠得如此之近；它们将基本上保持在中脊一条线上。因此，就这一事实来说，海底扩张显然是不能成立的。

尽管海底扩张学说的支持者们对这一现象进行过许多研究，但始终未能解开这些海底断裂带之谜，因而伤透脑筋。他们完全意识到，如果不解决这个问题，辛辛苦苦建立起来的海底扩张学说，很可能就要夭折。科学家们废寝忘食，始终觅不到什么好办法。

正当科学家们处于踏破铁鞋无觅处的困难时刻，加拿大学者威尔逊的远见卓识，带来了得来全不费工夫的意外惊喜。

威尔逊对反对派的责难不是被动地解释，不是穷于应付，而是主动出击。他说，这些海底断裂带不仅不是海底扩张的障碍，正是海底扩张的结果。

此言一出，大众哗然，反对派也惊得目瞪口呆：这是真的吗？

威尔逊认为，按照老的平移概念，断裂带两侧的洋底向相反方向平移错动，的确会使相邻两段大洋中脊的距离越来越远。但他指出，眼下所说的这些洋底断裂带，并不是平常所说的平移断层，而是一种新发现的地质现象，是由于洋中脊向两侧扩张所引起的断裂带。

为什么洋中脊向两侧扩张会引起这种断裂带？

威尔逊胸有成竹地说，由于每一段洋中脊两侧的洋底，其移动方向是相反的，这样一来，被错开的各段中脊之间的距离，实际上并不会加大。威尔逊认为，这种断层不是平移断层，而是"转换断层"。

好一个"转换断层"，这位威尔逊先生提出来的新名词，大大长了支持者的志气，使他们斗志倍增；大大灭了反对派的威风，使他们偃旗息鼓。

海底扩张造成断裂带两侧洋底错动，不可避免地伴随有频繁的地震。但是，由于两端中脊以外的洋底并没有相对错动，或相对错动很小，所以地震主要集中在两段中脊之间，其他地方则基本上没有地震。

转换断层这一新概念的提出，巧妙地解释了洋底扩张的方式和中脊处地震频繁的原因，成为海底扩张学说另一根强有力的支柱。

转换断层？好奇怪的名字，地质学界从来没有这个名字呀，可威尔逊为什么要取这样的怪名字，把它叫做"转换断层"呢？

原来，威尔逊认为，转换断层是洋底各种构造的联系纽带。不仅中脊与中脊之间可以通过转换断层相连接，中脊与海沟—岛弧系之间，以及海沟—岛弧系自身之间，也都可以通过转换断层联系起来。大洋中脊、转换断层、海沟—岛弧系，这3种构造活动带不断从一种活动带"转换"成另一种活动带。从拉张的中脊可以转换成水平剪切的断层，而断层又可转换成挤压的海沟。这样，

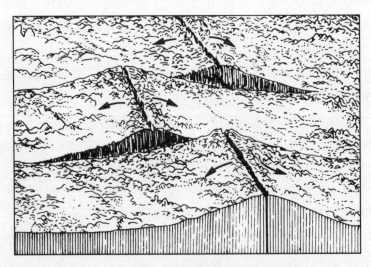

转换断层示意图

整个地球表面，就被这种首尾相连的活动带分割成若干巨大的"板块"。

在威尔逊关于"板块"思想的启示下，英国的麦肯齐、美国的摩根和法国的勒皮雄等人，又将"海底扩张学说"推向了"板块学说"的更高阶段。

板块学说和大陆漂移学说、海底扩张学说一样，都认为地球表面是漂移着的，但它们的机制不同。大陆漂移学说认为，大陆硅铝层在洋底硅镁层上漂浮；海底扩张学说认为，坚硬的地壳是驮在整个地幔对流体上漂浮；而板块学说则认为，是岩石圈板块在地幔软流圈上漂浮。

那么，什么是岩石圈？什么是软流圈？什么是板块呢？

人们发现，在地幔上部，有一层物质结构和地壳一样十分坚硬的区域，它的厚度包括地壳在内平均达 75～100 千米，叫做岩石圈。岩石圈下面是一层厚度为 100～400 千米的物质变软的部分，具有可塑性，且始终在缓慢流动着，叫做软流圈。软流圈下面，地幔物质又变得十分刚硬，叫做中圈。中圈以下，就是地核。岩石圈和中圈的物质都很坚硬，因此，地幔对流不能在整个地幔中发生，而只能发生在软流圈。

有人可能要问，既然地球的坚硬外壳——岩石圈厚达近百千米，它必然是连续不断地包围着地球的，在这种情况下，岩石圈何以能漂移呢？

板块学说认为，由于软流圈的对流是不规则的，因而它驱动岩石圈运动的方向也不一致。有些地方，对流的结果使岩石圈分离开来；有些地方，对流的结果使岩石圈相对而行；还有些地方，对流的结果使岩石圈平行滑动。这样一来，整个岩石圈就被分割成好多块，这就是板块。由于板块是刚硬的，其内部基本上很少发生变形；而各板块之间，由于运动状况不同，就构成了特殊的边界地区。如大洋中脊就是板块的边界，它两侧的板块在这里被撕裂开了，彼此背道而驰，形成深邃的海洋。海沟也是板块的边界，但它两侧的板块在这里猛烈相汇，一板块使劲地俯冲到另一板块之下。如果两板块平移错动，则其边界就是转换断层。

法国地球物理学家勒皮雄把整个岩石圈分为六大板块，即太平洋板块、印度洋板块（也称印度板块或澳大利亚板块）、亚欧板块、非洲板块、美洲板块和南极洲板块。这些板块的划分，不受海洋和大陆的限制，每一板块既有海洋在内，也有陆地在内。如非洲板块，既包括非洲大陆，也包括它东面的一部分印度洋和西面的一部分大西洋。又如美洲板块，既有绝大部分美洲在

内，也有半个大西洋在内。

板块之间并不太平，老是你拉我扯，互不相让。所以，板块学说不仅能说明海洋里的地质现象，也能说明陆地上的地质现象。比如大洋中脊是两大板块的分离处，因此它出现了中央裂谷和地震分布特别多等过去无法解释的地质现象。印度洋板块与亚欧板块发生猛烈撞击，地壳因而产生褶皱，地层隆起，于是，喜马拉雅山便横空出世。

如果细分，六大板块中，每一个板块还可以划分出更多的比较小的板块。

2008年5月12日14时28分，我国四川汶川地区发生了8.0级特大地震，造成极其严重的灾害。据中国地质调查局监测和评价认定，这次汶川地震是印度洋板块向亚欧板块俯冲，造成青藏高原快速隆升导致的。震源深度为10～20千米，持续时间较长，因此破坏性巨大。

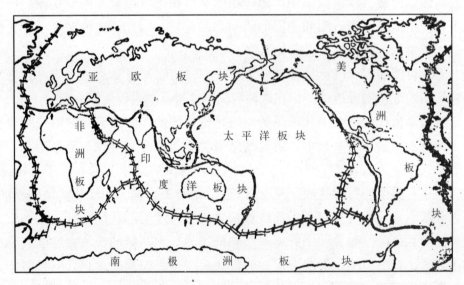

全球六大板块示意图

洋盆诞生惊险猎奇

为了验证海底扩张学说，验证地幔在中脊处向上涌升并推动洋底向两侧扩张的真实性，也为了开发海洋资源的需要，法美两国决定到几千米深的洋底裂谷去考察，见识一下洋盆诞生的情景。于是，蜚声全球的"法摩斯"海底探险行动开始了。

1973 年 8 月 2 日，大西洋亚速尔群岛西南大洋中脊一个海底裂谷处，法国深潜器"阿基米德"号开始首潜活动，拉开了"法摩斯"的序幕。参加下潜的有驾驶员德弗罗贝维尔，科学观察员、板块学说创立者之一的勒皮雄和机械师米歇尔。下潜深度预定为 2 600 米。

9 点 03 分，下潜开始。经过 3 个多小时的曲折下沉，反复寻找预定的地点，终于在 12 点 05 分见到了中央裂谷的峭壁。米歇尔兴奋地喊道："正前方，巨大的障碍物。"不久，他们就看到海底了。这是人类第一次深入中央裂谷，观察海洋诞生的地方，3 个人兴奋不已。他们目不转睛地注视着窗外的奇特景色，那些仿佛仍在流动的巨大熔岩流，正从陡峭的绝壁上倾泻下来，宛如巨大的熔岩瀑布，十分壮观。这一定是不久前从地下涌出海底的。这些熔岩流，很像一根根黑黝黝的管道，直径几十厘米到几十米不等，在探照灯的照射下，闪耀着黑玉般的光泽。

3 个人尽情欣赏着这千载难逢的景色。突然，一阵刺耳的声音把他们吓呆了。是深潜器出毛病了吗？仔细一瞧，原来是急流把他们推向了裂谷的绝壁，响声是深潜器的外壳与海底巉岩摩擦时发出的。

"这儿太危险，得快点离开。"驾驶员说。接着，他们把深潜器往上升，缓缓地驶向另一处，轻轻地降落在一片凹地上，深度是 2 550 米。

这里的景况别有一番天地，所见与刚才大不相同。海底堆满了枕状熔岩。枕状熔岩是熔岩流从水下溢出，沿海底滚动形成的，常呈扁椭球状，彼此互相堆叠，表面呈弧形，底部较平，形状如枕，故而得名。正是这些冷凝的熔岩构成了中脊的新洋底。由于它们是新近形成的，所以上面的沉积物很少，只有一层几毫米厚的薄薄的"雪"，是从海洋表层落下来的浮游生物的残骸，它们在海底"织"成了一块明亮的、洁白无瑕的"地毯"。

通过舷舱，探险家们见到了一株巨人般的珊瑚，似一尊女神的雕像，向黑夜伸出它献祭的双臂。珊瑚近旁，有一

海底的枕状熔岩

团大海绵，在海流中微微地颤抖着，活像一把羽扇。还有一团海绵，长得更美，像一朵郁金香，它的细长微曲的花茎顶端微微向下倾斜，犹如一个舞女在飞舞之际悬立空中。然而它们并不是植物，只不过长得像植物罢了。

在这不见天日的黑暗世界里，竟然还有如此美丽、这般和谐的生命现象，使深潜器里的3个人惊叹不已。但他们没有过分沉醉于海底的景色，他们的目的是要和那些石头打交道。于是，他们着手取了一些岩样。随后，深潜器又开始上升，考察四周的峭壁。他们认为，这些峭壁仍然保持着原生的火山结构，它们正是从海底裂缝中喷射出来的，全部由流出的熔岩构成，并且还没有来得及受到裂缝和断裂层的作用而变形。由于山顶上有大量熔岩涌出，所以它还是一座活火山。这种景象，把海底扩张学说关于中央裂谷的论述逼真地呈现了出来。

海底扩张学说认为中央裂谷是地幔物质上涌的通道，火山地震特别集中，而现在，"阿基米德"号上的探险家们，正亲临海底火山口探险哩！

"阿基米德"号深潜器在中央裂谷里上上下下、前前后后、左左右右地漫游着，从一座火山驶向另一座火山，从一座峭壁悠游到另一座峭壁，从一个熔岩堆前进到另一个熔岩堆。探险家们饱览了裂谷的奇特风光，亲眼目睹了洋底形成的奥秘。

探险家们尚未尽兴，无奈仪表显示电池里的电能快用完了，14点13分，他们不得不返回，结束"法摩斯"计划的首次潜航，带着胜利的微笑走出座舱，向欢迎的人群招手。

地质学家研究了"阿基米德"号从海底裂谷采上来的岩石样品，发现它非同寻常，光彩夺目，是一块崭新的岩石，年龄不超过几千年。普通岩石年龄多在几十万年或几百万年以上，往往因变质而晦暗无光。这就有力地证明了水下2 600米深处的中央裂谷，的确是一个非常年轻的火山地带，是地幔物质上涌的通道，新洋底诞生的地方。

1974年，法国的"西安娜"号和美国的"阿尔文"号深潜器也参与了海底调查。由于有了"阿基米德"号搜集的海底地貌资料和下潜经验，所以他们的目标更明确，任务更具体，收获也更大。

1974年7月的一天，"阿尔文"号在母船"鹿鹿"号的陪伴下，开始了它的探测深海裂谷的工作。下潜时刻到了，3名探险家进入球形舱室。驾驶员杰克关上舱盖，通过无线电话向母船请示：

"'鹿鹿'，舱盖关好了，关得很严实。声波发射器和水下电话都已打开，请允许我们下潜。"

于是，在"鹿鹿"号的帮助下，"阿尔文"号的螺旋桨开始转动，渐渐地沉入水中。

随着深潜器的下沉，座舱内的光线迅速变暗，温度也很快冷却下来，3个人呼出的热气在舱壁上凝成小水滴。不到15分钟，下潜深度已达365米，周围的大海变得黑漆漆的，他们不得不打开3盏小灯照明。

不一会儿，扬声器里传来海面上母船指挥员的声音："'阿尔文'，你下沉得很好。这里的水深是2650米，祝你幸运。"

"阿尔文"号继续迅速地下沉着。突然，眼前一道微弱的亮光引起了人们的注意。这亮光斑斑点点，像一串串珍珠，在幽深的黑暗中闪闪烁烁。每一串光珠长15～20厘米，由20～30个光点组成。这难道是生物受到某种刺激后发出来的？海洋里有一些浮游生物像夜光虫、多甲藻、深沟鞭虫、红潮鞭虫等，都能产生奇特的发光现象。这些生物常常组成一串串的群体，因而使它们的光像珍珠项链般绚丽灿烂。

"阿尔文"号和母船"鹿鹿"号

当下潜到 2 438 米时，深潜器内外的灯光、自动照相机、资料记录器和水下声呐探测系统一股脑儿全部启动了，它们发出各种各样的声音，使舱内顿时热闹起来，3 位水下考察者更加忙碌了。

不久，声呐回波显示深潜器已进入裂谷，裂谷两壁与深潜器相距 460 米，而离海底只有 200 米了。

为了减慢下沉速度，杰克抛掉 230 多千克的重物。接着，他又拧开可变压载系统，将海水抽进压载舱，使深潜器处于中性悬浮状态，几乎一动不动

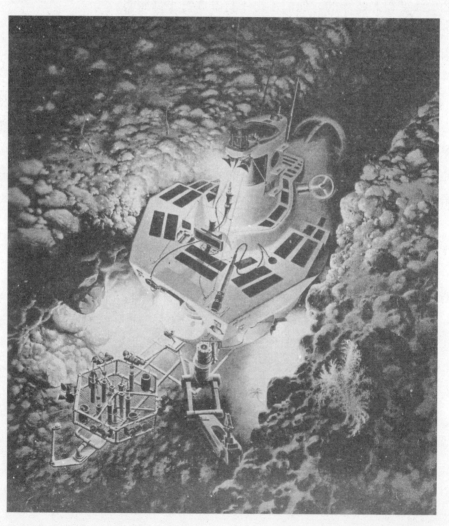

"阿尔文"号深陷海底裂谷中，两旁尽是新生的熔岩，这是海底诞生的壮观景象

地待在离海底 60 米的水中。

"'鹿鹿',我们将进入悬浮状态,打算着底。"杰克向母船报告。

"好,'阿尔文',同意你们着底。"母船立即做了回答。

"阿尔文"号缓缓地向海底接近。50 米,40 米,30 米,高频测距仪测到了海底……20 米,15 米,海底景象模糊地出现了。另一名乘员巴拉尔德和地质学家吉姆几乎把脸贴在舷舱上,仔细观察着窗外的一切。

14 米,13 米,12 米。"看见了,看见了,我看见海底了!"巴拉尔德激动地喊道。

当离海底只有 5 米时,流速仪测量到海水流动的速度为 1/4 节(1 节等于每小时 1 海里,即 1.852 千米)。杰克忽然想起了他乘坐"阿基米德"号深潜器下潜时,曾因遇到超过 1 节流速,使深潜器几次与海底岩石相撞的危险情景。他觉得应当抓住眼下流速微弱的机会,赶紧着底。由于驾驶员熟练的技术,"阿尔文"号很快安全着底。它紧贴在裂谷内陡峻的岩坡上,就像一个登山者立在危险的峭壁上那样。

这时,许多从未见过的海底奇景,一一出现在考察者眼前:一系列颇有规则的熔岩,像一根根排列整齐的管道,还有从管道里流出来的熔岩体。说明当时岩浆从深海裂谷涌流出来与冷凝海水接触后,外壳迅速冷凝,形成一系列的管道状熔岩体。而里面未冷却的熔岩,仍在不断地流动,当它流到管道的末端,冲到海里,又形成了一段段新的"管道"。另外的地方,分布着一座座高 3.5~4.5 米,宽 6~9 米的熔岩堆,熔岩从堆的顶部流出,向四面八方流淌下来。流淌下来的熔岩体形状奇特,有的像从牙膏管里挤出来,有的像从窗缝里挤出来。这种情景,把洋底新生的过程,活生生地呈现在探险家们眼前,使他们大饱眼福。

着底后 40 分钟,"阿尔文"号来到凹地中心,此时它位于水下 2 778 米深处,每平方厘米承受着近 300 千克的压力。它慢慢游弋,不时停下来采集岩样。安装在深潜器外的立体照相机,每隔 10 秒钟拍摄一张海底裂谷的照片,把深潜器经过的海底地貌几乎毫无遗漏地照了下来。考察者又把所见到的一切口述下来,再用小型录音机录到磁带上。此外,每人还有一架配有软垫的手提照相机,可以靠在观测窗口上对准自己感兴趣的目标进行拍摄。

意外的是,就在"阿尔文"号向地下崎岖的海底裂谷行进时,不知不觉

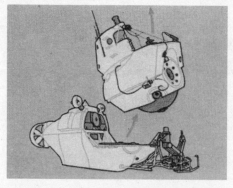

"阿尔文"号自动紧急逃逸装置示意图

地陷入了一条几乎和深潜器一样狭窄的裂缝，裂缝两边锯齿形的峭壁使它进退两难，动弹不得。当然，"阿尔文"号这时可以凭借自动逃逸装置，使球形耐压舱脱离外壳，迅速浮至海面，但这是在万不得已的情况下才能采取的应急措施。好在座舱内生命保障系统能供3人使用3天，紧急呼吸系统也可使用6小时，杰克他们还可以从容地想办法脱身。后来，杰克急中生智，使用了一系列微动操作技术，使深潜器一会儿微微向前，一会儿稍稍后退，一会儿又左摇右摆。经过一个半小时的努力，"阿尔文"号终于脱离了困境，转危为安，缓缓驶出了这条该死的裂缝。

当"阿尔文"号横过裂谷洼陷中心的陡峻山脊时，他们又出乎意料地见到了一条只有几厘米宽的裂缝，沿着裂谷轴线方向伸展开去。深潜器沿着它约莫走了90米，这种微小的裂缝便消失了，出现了一堆堆的熔岩碎片。显然，这是地下岩浆即将涌出的地方，是新的洋盆快要分娩的征兆，说不定下次当"阿尔文"号再来访问时，这条裂缝就会变得更长、更宽哩！在其他地方，出现过6～8米宽的裂缝，两旁几乎是垂直的绝壁，高度超过300米，蔚为壮观。

经过5个多小时的紧张考察，"阿尔文"号顺利地上浮了。此后，它又接连多次下潜，与法国同行们一起，为探索海底峡谷的奥秘立下了汗马功劳。

到1974年9月3日，"法摩斯"计划全部结束。参加考察的3艘深潜器总共下潜51次，潜海总时数达228小时。其中"阿基米德"号19次，"阿尔文"号17次，"西安娜"号15次。它们在洋底总共潜航了91千米，在167处地区采集了2吨重的岩石标本，拍摄了23 000张照片，录制了100多小时的电视片，还进行了大量的海底地形测绘工作，精度准确到几米。

"法摩斯"计划使人们亲眼看到了海底扩张的情景，看到了洋盆被分娩出来的精彩瞬间，使板块学说受到了一次实际的检验，同时也有力地证明了这个学说的正确性和充满鲜活生命的活力。

美丽的蓝色水球

地球像个硕大的梨子

2012年6月16日，我国神舟九号载人宇宙飞船发射升空，经过13天，于6月29日顺利返回，成功着陆。女航天员刘洋说："处于离地球340千米的高度遥看地球，美妙惬意，她弧段的边清晰可见，披着一层蓝白相间的光晕，阳光投射在海洋上照出深深浅浅的蓝，大地脉络分明，海岸线清晰绵长，地球是如此的美丽，这让我更加热爱并珍惜我们赖以生存的家园。"

在月亮上看地球，因为离得实在太远，地球表面的凹凸不平，根本无法分辨，宇航员看到的是一个高挂在天上的圆球。在卫星上近距离观察时，地球表面的不平就会显露出来，此时就很难将地球与圆球相提并论了。而站在地面与地球零距离接触时，我们看到的地球则是向远方伸展的平面，其上姿态万千，根本看不出它与圆球有多少联系。这说明，地球的形状是很复杂的，要确切地描述它的真实形状难上加难，我们只能简单化，把它的细枝末节忽略掉。因此，粗略地讲，地球像个圆球，叫它圆球体。如果准确一点，地球也不是滚圆的圆球，而是略有些扁，像个橄榄球，所以精确一点讲，地球是个椭球体。

为了具体地表示这个椭球体的形状和大小，可以设想这样一个理想的椭球体，它具有椭球体严格的规律性，又十分逼近地球的形状，叫做参考椭球体。

科学家描述地球的时候，通常就用地球的长半轴、短半轴和扁率来表示。这些数据，世界各国采用的参数各不相同。从1980年起，我国采用

国际大地测量与地球物理联合会第 16 届大会推荐的基本大地数据：

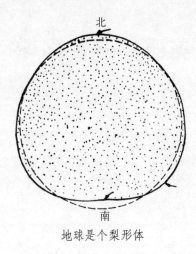
地球是个梨形体

地球的赤道半径：6 378.160 千米；

地球的极地半径：6 356.755 千米；

地球的扁率：1：298.257；

地球的赤道周长：40 075.24 千米；

地球子午线周长：40 008.08 千米；

地球的表面积：510 070 100 平方千米；

地球的体积：1 083 157 900 000 立方千米。

后来，人们又发现了一个有趣的现象，那就是地球既不是圆球，也非椭球，而是酷似梨子的形状，因而说得更准确一点，地球是个梨形体。北极是梨柄，南极为梨底。也就是说它不以赤道为对称，而是北半球稍尖而凸出，比椭球面高出 18.9 米；南半球稍肥而凹入，比椭球面凹进 25.8 米。

当然，这些微小的差异，肉眼是看不出来的。所以在通常情况下，人们总是把地球看做一个圆球。

洋、海、海湾、海峡的区分

在月球上看地球，看到的不仅是一个高挂在天上的圆球，还是一个蓝色的圆球。如果说在地球上举头望明月，月亮如银轮一般；那么，在月亮上举头望地球，地球就是一个"蓝月亮"了。

为什么？因为地球表面 70.8％被蓝色的海水所覆盖，显出蓝色是再自然不过了。所以有人说，应该把地球叫做"水球"，这样才更加贴切，更加形象。

地球表面这 70.8％的水，虽然也被陆地、岛屿所分隔，但却是连成一片的，我们称之为"海洋"。

海洋的面积为 36 106 万平方千米，大致相当于三十七八个我国面积的大小。

人类居住的陆地，仅占地球表面的 29.2％，面积为 14 900 万平方千米，是我国面积的 15 倍多一点。

在海洋学上，"海洋"是指地球表面连续咸水体的总称。从这个理念出发，像"死海"、"里海"这样的咸水湖就不是真正意义上的海洋了，虽然人们也叫它"海"，事实上把它们叫做咸水湖似乎更加恰当。

海洋虽然是一个整体，但是不同的区域又有不同的特点和迥异的形态。根据海洋要素特点及形态特征的不同，可将它分为主要部分及附属部分。主要部分位于海洋的中心，称为"洋"；附属部分位于海洋的边缘，称为"海"、"海湾"或"海峡"。

从人造地球卫星上鸟瞰，海洋的颜色一派浓蓝，清澈透明，就像一块巨大的闪光蓝丝绒，显示着我们地球家园的无限魅力。这巨大的闪光蓝丝绒就是"洋"。

"洋"的面积特别广阔，占海洋总面积的 89%，是整个海洋的主体。它的深度很大，多在两三千米以上。由于远离陆地，大陆对它的影响微乎其微，所以洋水的温度和盐度一年四季变化很小。平均盐度在 35‰，也就是 1 000 克海水含盐约为 35 克，比我们用餐时喝的汤不知要咸多少，这就是远航船只要自带淡水的缘故。洋水的颜色浓蓝，透明度大。在洋中，潮汐的涨落有自己的特点，不受外界影响；洋流的流动也有自己的特点，并且特别强大。由于不受大陆影响，所以洋底没有大陆江河带来的泥沙，堆积在洋底的沉积物多为钙质软泥、硅质软泥和红黏土等海相沉积物。

在浓蓝色大洋的边缘，可以看到镶嵌着一条狭窄的黄绿色的边，这就是"海"和"湾"。

"海"和"湾"的面积相对大洋来说小多了，约占海洋总面积的 11%；深度也小，一般小于 2 000 米。由于离陆地较近，所以温度和盐度受大陆影响很大，有显著的季节变化。盐度一般较低，在 32‰ 以下。在淡水注入量很小、蒸发量大的海区，盐度也会增高，有的甚至超过 35‰。在海和湾中，水的颜色多半呈黄绿色，透明度也小。

由于海和湾是大洋的附属部分，它的潮汐和海流状况没有多少独立性，在很大程度上受邻近大洋的支配。它的潮汐是从邻近的大洋传过来的，它的海流与邻近的大洋也有密切的关系。因为离陆地近，大陆江河的泥沙会大量流入，堆积在海底，所以海里的沉积物多为砂、泥沙等陆相沉积。

在大众眼中，海就是海，没有什么区别。但在专业人员看来，由于某些特点的不同，它们是有区别的。比如按照海的位置不同，可分为地中海、内海和边缘海。地中海位于各大洲中间，而且面积广大，如亚、非之间的地中海。内海位于同一大陆的两部分之间，面积较小，如渤海。边缘海是海洋的边缘部分，只有一些岛屿同大陆相隔，而海水则可以和大洋自由相通，如东海。

海洋学上把洋或海伸入大陆，且深度逐渐减小的水域叫做"湾"。实际上人们常把"海"与"湾"混用，不加区别。

"湾"中的海水性质一般与其相邻的洋或海的海水性质近似。在湾中常出现最大的潮差，这是与深度和宽度不断减小有关。

海洋中的主要海和湾有 50 个，内海和大海里的小海（如地中海里的 7 个小海）还没有算进去，要不然，海和湾的数目就更多了。

三大洋、四大洋还是五大洋

谁都知道地球上有四大洋，这就是太平洋、大西洋、印度洋和北冰洋，这是根据海岸轮廓、地形起伏和水文气象特征来划分的。可是一些国家有不同的看法，他们认为地球上只有三大洋，即太平洋、大西洋和印度洋，把北冰洋看做是大西洋的一部分，叫"北极海"。

有时，为了研究上的方便，海洋学家们又把南纬 60°以南，围绕南极大陆的那片汪洋大海叫做"南大洋"、"南冰洋"或"南极洋"。在海洋考察或南极考察时，常常会见到这样的称呼，其含义就在于此。如果这样，地球上就有五大洋了。

我国沿用四大洋的划分，有时也会称南大洋。

在亚洲、澳大利亚、南极洲和南、北美洲之间，是四大洋中的老大——太平洋，面积占海洋总面积的 49.8%，大致相当于我国面积的 18.7 倍。

在欧洲、非洲、南极洲与南、北美洲之间，是四大洋中的老二——大西洋，面积占海洋总面积的 25.9%，大约是我国面积的 9.7 倍。

老三印度洋位于亚洲、非洲、南极洲和澳大利亚之间，面积占海洋总面积的 20.7%，是我国面积的 7.8 倍。

北冰洋是最小的大洋，面积占海洋总面积的3.6％，相当于我国面积的1.3倍，位于亚洲、欧洲和北美洲北岸所包围的北极区域。

太平洋不仅面积大，水也深，平均深度4 028米。印度洋的深度排名第二，平均3 897米。大西洋位居第三，平均深度3 627米。北冰洋最浅，平均深度只有1 296米。

上面这些数据是连同附属的海和湾一并计算的。如果不计附属的海和湾，数字就有一些不同。具体数字如下表所示。

各大洋（不包括附属的海和湾）的面积和深度

名　　称	面积（万平方千米）	最大深度（米）
太平洋	16 524.6	11 034
大西洋	8 244.2	9 219
印度洋	7 344.3	9 078
北冰洋	503.5	5 220

海洋最深的地方不在大洋中心，而在太平洋西北部的马里亚纳海沟内，深度为11 034米。这是苏联"勇士"号考察船测得的数据。不过，英国"库克"号考察船说，他们在菲律宾海沟测得过11 515米的深度数据。谁是谁非，一时也难以断定。本书中采用11 034米的海洋最深深度数据。

由于海沟的面积很大，要十分精确地确定哪一点最深似乎不那么容易，所以，海洋最深的地方和深度的数据肯定也会有所变化。

万岛世界的太平洋

最大最深最宽的大洋

太平洋是世界上最大的一个大洋，面积17 968万平方千米，占地球表面积的35％，占海洋总面积的49.8％。平均深度为4 028米。最大深度为11 034米，位于马里亚纳海沟内，是世界上已知的最深处。这是包括周围较浅的附属海区在内的数据。

太平洋的范围北到白令海峡的北纬65°44′，南到南极洲的南纬85°33′，跨纬度151°。东到西经78°08′，西到东经99°10′，跨经度177°。南北长约15 900千

米，东西最大宽度约 19 900 千米。若从南美洲的哥伦比亚海岸至亚洲的马来半岛，东西长更可达 21 300 千米，比地球赤道周长的一半还要长，是最宽的一个大洋。

太平洋的北部以仅宽 86 千米的白令海峡为界分隔北冰洋；东南部以南美合恩角的经线（西经 67°16′）与大西洋分开；西南部与印度洋的分界线为通过塔斯马尼亚岛东南角的经线（东经 146°51′）。

太平洋主要附属海的面积和深度

名　　称	面积（万平方千米）	平均深度（米）	最大深度（米）
白令海	230.4	1 598	4 773
鄂霍次克海	159.0	859	3 657
日本海	97.8	1 752	4 036
黄海	41.7	44	140
东海	77.0	370	2 780
南海	344.7	1 140	5 567
爪哇海	48.0	45	89
苏禄海	34.8	1 591	5 119
苏拉威西海	43.5	3 645	6 220
摩鹿加海	29.1	1 902	4 180
斯兰海	18.7	1 209	5 318
班达海	69.5	3 064	7 260
珊瑚海	479.1	2 394	9 140
阿拉斯加湾	132.7	2 431	5 659
加利福尼亚湾	17.7	818	3 127

岛屿最多的大洋

太平洋面貌最引人注目的特色是岛屿众多，大大小小的岛屿有 25 000 多个，其中一半以上是荒无人烟的荒岛。岛屿面积达 440 多万平方千米，约占世界海岛总面积的 45%，所以有"万岛世界"之称。

这些岛屿，除新西兰的南岛和北岛外，绝大多数分布在赤道两侧的南、北回归线之间，以及东、西经 130°之间浩瀚的热带海洋里。虽然分布得没有什么规律，但仍然可以看出西部、中部和东部有三大群弧形的样子，人们分别将它们称为美拉尼西亚、密克罗尼西亚和波利尼西亚。

位于太平洋西部的美拉尼西亚，意思是"黑人群岛"，大概因为这里的土著居民皮肤黝黑而得名吧。巴布亚新几内亚、所罗门群岛、斐济等是它的重要成员。

密克罗尼西亚位于太平洋中部，意思是"微型群岛"，因为它多半是些微小的岛屿组成。重要的岛屿有马里亚纳群岛、加罗林群岛、马绍尔群岛和瑙鲁等。

波利尼西亚的群岛数目最多，所以人们就用波利尼西亚来称呼它，意思是"多岛群岛"。它位于太平洋东部，最主要的岛屿有夏威夷群岛、中途岛、威克岛、莱恩群岛、萨摩亚群岛、汤加、库克群岛等。

太平洋岛屿绝大部分位于南、北回归线之间，属赤道多雨气候和热带海洋性气候。由于各岛面积都比较小，气候可以充分得到海洋的调节，虽属热带气候，但气温并不太高。除个别岛屿外，年平均气温很少有超过29℃或低于24℃的。赤道地带的年较差不超过1℃，在纬度较高的地方，如新喀里多尼亚，年较差超过5℃，仅太平洋西北部地带，因受季风影响，有超过10℃的。

太平洋岛屿大多数地区降水充沛，不过因纬度、地形和风的向背不同而有较大的差异。一般来讲，各岛年降水量在1 000毫米以上，在迎风坡可达2 000～4 000毫米，甚至6 000毫米。年平均降水量最高纪录在夏威夷群岛的考爱岛，高达12 040毫米，居世界第一位。岛屿的背风坡年降水量则少于1 000毫米。

太平洋岛屿按成因分为大陆岛和海洋岛两类，而海洋岛又可分为火山岛和珊瑚岛。伊里安岛和美拉尼西亚的大多数岛屿都属于大陆岛，这些大陆岛通常面积较大，既有高大崎岖的山地，也有宽窄不等的沿海冲积平原，有利于发展农业，最适宜种植热带经济作物，并有茂密的森林和丰富的矿藏。

波利尼西亚的夏威夷群岛就是典型的火山岛，迄今仍有火山活动。这种岛屿海拔较高，火山熔岩、火山灰经长期风化，土壤肥沃，森林茂密，适宜发展农业，也可种植热带经济作物。

密克罗尼西亚以珊瑚岛为主。这些珊瑚岛通常面积较小，地势低平，水分渗漏严重，土壤肥力较低，对农耕不利，但部分岛屿却储藏着丰富的磷酸盐矿。礁湖和环礁有缺口同外洋联系，往往形成船只避风的良好港湾。

太平洋岛屿除珊瑚岛外，植物都很繁茂，生长着热带经济作物，主要有

椰子、咖啡、可可、香蕉、菠萝、甘蔗、橡胶树等。在沿海地带牧草茂盛，有利于发展畜牧业。美拉尼西亚热带森林茂密，盛产白檀木、红木等珍贵木材，世界驰名。

太平洋岛屿矿产资源种类较多，最重要的是磷酸盐矿，分布在瑙鲁、基里巴斯及所罗门群岛等地。新喀里多尼亚的镍矿储量居世界首位。金、铜、铬、镁、石油等的储量也比较多。此外还有钴、银、铝土矿等。波利尼西亚中部的莱恩群岛盛产珍珠。

景点最多的大洋

太平洋的许多岛屿都在发展旅游业，旅游业的收入在其经济收入中占有越来越重要的地位。

你或许会想，浩瀚大洋中的星星点点的小岛，孤零零地悬在无边无际的水中，没有多少吸引人的地方，为什么旅游业能得到迅速发展呢？

这有两方面的原因。一方面是因为有些岛屿，处在国际交通线上，过往的人员频繁，这必然会带动旅游业的发展；另一方面是不少岛屿山水绮丽，风光旖旎，气候宜人，也是发展旅游业的有利条件。

在交通方面，太平洋不少岛屿处于亚洲、美洲、澳大利亚大陆的通道上，又沟通着太平洋和印度洋，因此，在国际交通和战略位置上十分重要。许多岛屿的海上、空中、铁路、公路运输相当发达，尤其是海、空交通，为各岛与世界各地的空中联系和海运贸易提供了便捷的途径。

此外，太平洋海底电缆通讯也提高了一些岛屿的地位。经太平洋岛屿最主要的海底电缆线有：从北美洲经瓦胡岛的火奴鲁鲁、中途岛、关岛到亚洲；还有从加拿大的温哥华经芬宁岛到斐济维提岛的苏瓦，这些都是电讯往来的

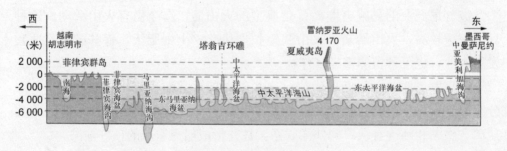

太平洋海底剖面

重要线路。目前，美国在太平洋设有卫星站，对太平洋地区电讯往来也有较大的影响。

在自然景观方面，太平洋的许多岛屿有着许多吸引游人的地方。

一是秀美的热带风光。太平洋三大群岛绝大部分岛屿散布在南回归线和北回归线之间的大洋中部和西南部，这些地区终年高温多雨。在这种湿热气候条件下，形成了以热带雨林为主的植被，乔木的种类极为丰富。还有险峻的山峰、壮丽的峡谷、瀑布和温泉。这些都具有很大的旅游吸引力。

二是众多的火山景观。在三大群岛的岛屿中，除了新喀里多尼亚外，都是火山岛或珊瑚岛。火山岛是由海底火山喷发物质堆积而成的，所罗门群岛、汤加岛等都是火山岛。珊瑚岛的基底一般也都是火山岛。有的火山在近期经常喷发，十分壮观，成为许多旅游者向往的地方。

珊瑚岛

三是引人入胜的潟湖和海滩。珊瑚岛是珊瑚虫的骨骼在火山岛的基底上堆积而成的。它们一般呈圆形，地势比较低平，海拔多在 10 米以下。珊瑚礁常常包围着风平浪静的潟湖，并形成洁净的海滩，是开展日光浴和游泳的理想场所，船只也可以在这里停泊避风。受大洋影响较大的一些海滩，常常有气势汹涌的拍岸浪，可供旅游者开展冲浪等水上运动。

此外，历史文化也是引人注目的旅游资源。太平洋的许多岛屿历史悠久，目前还保留着许多历史遗迹。当地土著人的风土人情和节日庆典也有很大的吸引力。

水文气候概况

太平洋有很规则的行星风系。在北太平洋副热带地区，有一个巨大的副热带高气压带，形成一个顺时针方向旋转的高气压大气环流——副热带高压大气环流。环流的南面常年吹刮东北风，叫做东北信风；环流的北面，常年吹刮西风，叫做盛行西风。

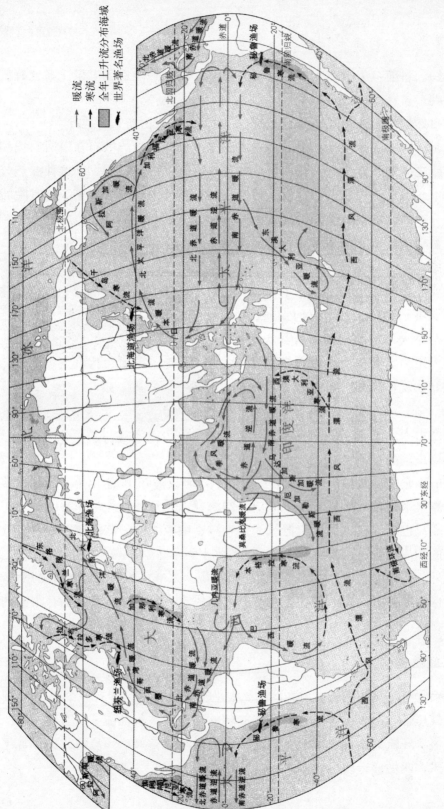

海洋表面洋流分布图(冬季)

在南太平洋副热带地区也有副热带高压带，形成一个逆时针方向旋转的高气压环流，环流的北面常年吹刮东南风，叫做东南信风；环流的南面吹刮西风，叫做盛行西风。

东北信风和东南信风之间，是赤道无风带，风力常年微弱。

在北太平洋副热带高压环流的影响下，产生了一个相应的顺时针方向旋转的副热带海洋环流。环流的南面是北赤道海流，西面是黑潮暖流，北面是北太平洋海流，东面是加利福尼亚寒流。副热带海洋环流的北面，有一个逆时针方向旋转的亚极地海洋环流。环流的东边是阿拉斯加海流，北面是阿留申海流，西边是亲潮。

在南大西洋副热带高压环流的影响下，产生了一个相应的逆时针方向旋转的副热带海洋环流。环流的北面是南赤道海流，西面是东澳大利亚海流，南面是西风漂流，东面是秘鲁寒流。

北赤道海流与南赤道海流之间，有一支自西向东的赤道逆流。

南半球西风漂流海域位于南纬40°附近，那里陆地稀少，三大洋连成一片，不仅有强劲而稳定的西风，风区也特别长，所以这里的风浪特别大，有"咆哮40°"之称。

在太平洋西北的热带海域，常常有热带气旋产生，这种热带气旋通常叫做台风。

台风之所以诞生在热带海洋，是因为那里有大量温暖而潮湿的空气。像锅里的开水向上升腾那样，暖湿空气也要浮升，结果，四周的空气便涌向中心，在地球自转的影响下，它们开始旋转起来，形成螺旋形状的结构，台风，就这样诞生了。不过，这时的台风还很弱小，近中心最大风力6～7级，移动的速度缓慢，跟人的步行速度差不多。我们称它为台风的幼年时期，气象学上叫做"热带低压"。

向上浮升的暖湿空气，遇冷凝结，凝结时放出热量，更加助长了空气的上升。于是，越来越多的空气从四周涌向中心，形成了一个直径几百千米甚至几千千米的巨大空气旋涡。同时旋转速度也随之加快起来，在中心附近，旋转最快，风力也最大。当近中心风力增至8～9级时，台风发育成熟，进入壮年时期，以大约每小时15千米的速度向前移动，和自行车的速度差不多。这时的台风，气象学上叫做"热带风暴"。

台风继续增强，风力增至 10～11 级时，叫做"强热带风暴"。

风力达到 12～13 级，就叫做"台风"。

如果风力继续增强，达到 14～15 级，称为"强台风"。

风力在 16 级及 16 级以上，就是"超强台风"。

台风的寿命是短暂的，大约经历 3～5 天的壮年时期，它便开始衰弱消亡。当它移动到比较高的纬度时，受到强大的西风影响，风力逐渐减弱，以汽车那样的速度奔向自己的末日。

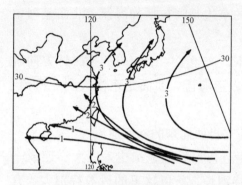

台风路径

台风路径大致可分为 3 类：第一类是西行路径，自菲律宾以东洋面一直向西移动，经过南海，最后在中国海南岛或越南北部地区登陆。这类路径对南海和我国广东、广西沿海影响最大。第二类是登陆或西北近海转向路径。台风向西北方向移动，穿过台湾海峡，在广东、福建、浙江沿海登陆，或者不登陆而从沿海转向。这类台风对东中国海、台湾省和福建、浙江、江苏沿海影响最大。第三类是远海转向抛物线路径。台风先向西北方向移动，当接近中国东部沿海地区时，不登陆而转向东北，向日本附近转去，路径呈抛物线形状。这类台风对东海和我国沿海有一定影响。

当然，台风也不都按这 3 种路径移动，而是表现得很怪癖，有时七转八转，像蛇一样扭曲着前进；有时在原地打转，不愿前行；有时还会一边前进一边兜圈子；一些台风登陆以后又会窜到海上来；一些台风减弱了又会加强。

台风是一种破坏力很强的灾害性天气系统，常常带来狂风、巨浪、暴雨、高潮。台风中心附近最大风力一般都在 8 级以上，吹倒房屋，甚至树木也能连根拔起。台风经过的地区，一般能产生 150～300 毫米的降雨，少数台风能产生 1 000 毫米以上的特大暴雨。台风还能

台风云图

形成风暴潮，使沿岸产生增水，江苏省沿海最大的风暴潮增水可达 3 米。

西北太平洋的热带气旋年均约 28 个，但各年差别很大，多的年份甚至可以达到 40 个，少的年份只有 20 个。这些热带气旋绝大多数发源于北纬 5°～22°的菲律宾以东洋面和南海上。

热带气旋大多发生在 5～12 月，以 7～10 月为多，约占全年热带气旋总数的 70%，其中又以 8～9 月最盛，约占全年热带气旋总数的 40%。

根据天气图以及用飞机、雷达、卫星等探测手段，并借助大型电子计算机，人们能够发现台风、监视台风，预测它的行踪。

世界第一大渔场——北海道渔场

太平洋渔业资源丰富。日本北海道近海的北海道渔场是世界著名渔场。它是黑潮暖流与亲潮寒流交汇形成的渔场，是世界四大渔场之一，有"世界第一大渔场"的美誉。这里的海域未受污染，因而出产的鱼味道鲜美。

为什么两支海流相遇时会形成大渔场？

这是因为当两支海流相遇的时候，海水互相冲突，产生强烈的混合作用，特别是寒流和暖流汇合的海域，混合作用会使水温中和，变得不冷不热，适宜浮游生物大量繁殖，从而吸引鱼虾和海鸟前来寻找食物，使这里变成了良好的渔场。如我国最大的舟山渔场，也是不同性质的海流交汇的地区。

日本北海道渔场主要出产鲑鱼、鳕鱼、太平洋鲱鱼、沙丁鱼、秋刀鱼和蟹等。

鳕鱼

又一个世界大渔场——秘鲁渔场

除了太平洋西北部的北海道渔场，太平洋东南部也有一个大渔场，它就是秘鲁沿海的秘鲁渔场，也是世界四大渔场之一。

秘鲁沿岸海域水产资源十分丰富，盛产鳀鱼等 800 多种鱼类及贝类等。秘鲁渔业资源之所以如此丰富，是与沿海得天独厚的自然条件分不开的。这种自然条件不是寒暖流在此相遇，而是有一股强大的上升流，是这股强大的上升流造成了一个大渔场。

秘鲁沿岸常年盛行南风和东南风。在南风和东南风的吹刮下，表层海水偏离海岸，因而下层冷水上升。大量冷水上升，就会形成强大的上升流。强大的上升流不仅使海水表面水温显著下降，更重要的是把富含磷氮等元素的营养物质的深层海水带至表面，为浮游生物提供了丰富的饵料。加之沿海多云雾笼罩，日照不强烈，更是有利于浮游生物大量繁殖，为冷水性的鳀鱼（喜 20℃以下的冷水）的繁殖和生长提供了极有利的条件。因而秘鲁沿海一带便成为大渔场，渔区宽达 370 多千米。

锰结核藏量最多的大洋

太平洋有大量的锰结核，是四大洋中锰结核藏量最多的大洋。

太平洋海底还是世界石油资源最丰富的地区之一，如加利福尼亚南部海域、东海、南海以及印度尼西亚、澳大利亚东南部等海区。

西太平洋沿岸很早就是具有高度文化的地区。但是欧洲人直到 16 世纪才开始对这一大洋进行探察。他们寻求所谓"南方的大陆"——澳大利亚，从而进入太平洋岛屿。

19 世纪时，英国著名生物学家、进化论的创立者达尔文，于 1831～1836 年乘"贝格尔"号作环球航行，在太平洋进行考察，在自然科学方面作出了伟大的贡献。

资源丰富的大西洋

地理概况

大西洋是世界第二大洋。面积为 8 244.2 万平方千米（不包括附属海），平均深度为 3 925 米，最大深度为 9 219 米。

大西洋这个中文名称，是意大利传教士利玛窦在其翻译的一本世界地图册中所取的，那是公元 1583 年的事，这个名字一直沿用至今。

大西洋和太平洋通常以南美南端的合恩角（西经 67°）为界。大西洋与印度洋通常以通过非洲南端的好望角（东经 20°）为界。大西洋与北冰洋的分界线是冰岛—法罗岛海丘和威维尔—汤姆森海岭。

欧洲人在 15～16 世纪时就对大西洋做过一些调查，19 世纪以来，又进行过许多系统的科学考察，比较重要的考察有英国的"挑战者"号（1872～1876）、"发现"号（1925～1927和1929～1938）、俄国的"勇士"号（1886～1889）、德国的"羚羊"号（1874～1876）和"流星"号（1925～1927），以及美国海岸及大地测量局对湾流的调查等。20世纪70年代以来，对大西洋进行了海—气相互作用联合研究、多边形中大洋动力学实验、全球大气研究计划、大西洋热带实验和法摩斯大洋中脊考察等专题调查和海上现场试验，因此人们对大西洋的了解比较多。

大西洋呈S形，东西两侧岸线大体平行。南部岸线平直，内海、海湾较少；北部岸线曲折，沿岸岛屿众多，海湾、内海、边缘海较多。岛屿和群岛主要分布于大陆边缘，多为大陆岛。开阔洋面上的岛屿很少。

大西洋主要附属海和湾的面积和深度

名　　称	面积（万平方千米）	平均深度（米）	最大深度（米）
巴芬湾	68.9	861	2 136
哈得逊湾	81.9	112	274
墨西哥湾	154.3	1 512	4 023
加勒比海	275.4	2 491	7 238
波罗的海	38.6	86	459
北海	54.4	96	433
比斯开湾	19.4	1 715	5 120
地中海	250.5	1498	5 092
黑海	42.3	1 271	2 245
里海	37.0	197	980
几内亚海	153.3	2 996	6 363

主要的岛屿和群岛有大不列颠岛、爱尔兰岛、冰岛、纽芬兰岛、古巴岛、伊斯帕尼奥拉岛，以及加勒比海和地中海中的许多群岛，格陵兰岛也有一小部分位于大西洋。

在几个大洋中，大西洋入海河流流域面积最广，流域面积达4 742.3万平方千米。主要河流有圣劳伦斯河、密西西比河、奥里诺科河、亚马孙河、巴拉那河、刚果河（扎伊尔河）、尼日尔河、卢瓦尔河、莱茵河、易北河以及注入地中海的尼罗河等。

海洋环流

在北大西洋副热带高压环流的影响下，产生了一个相应的顺时针方向旋转的副热带海洋环流。环流的南面是北赤道海流，西面是墨西哥湾暖流（简称湾流），北面是北大西洋海流，东面是加那寒流。在副热带海洋环流的北面，有一个逆时针方向旋转的亚极地环流。环流的西面为挪威海流，进入挪威海；北面为伊尔明格海流，沿冰岛南面向东流动；西面为拉布拉多寒流。

在南大西洋副热带高压环流的影响下，产生了一个相应的逆时针方向旋转的副热带海洋环流。环流的北面是南赤道海流，西面是巴西海流，南面是西风漂流，东面是本格拉海流。

与太平洋相似，大西洋南半球西风漂流海域也位于南纬40°附近，那里同样陆地稀少，三大洋连成一片，不仅有强劲而稳定的西风，风区也特别长，所以这里的风浪也特别大，有"咆哮40°"之称。

丰富的油气资源

大西洋的油气资源相当丰富，两岸边缘的海盆中构成两个油气带，即东大西洋油气带和西大西洋油气带。

西大西洋油气带主要包括两个区域：其一是委内瑞拉北部的马拉开波湖的海底油田与委内瑞拉和特立尼达岛之间的帕里亚湾油田。已探明储量为40.2亿吨，天然气为8 624亿立方米；其二是墨西哥湾海底油田，主要分布在西南部的坎佩切湾和美国得克萨斯州和路易斯安那州沿海。其中坎佩切湾石油探明储量近50亿吨，美国所属墨西哥湾大陆架区石油储量为20亿吨，天然气储量3 600亿立方米。

东大西洋油气带也包括两个区域：其一是北海大陆架油田，已探明储量超过40亿吨，天然气为3万亿立方米；其二是几内亚湾一带以尼日利亚为主的海洋油区，其储油量约为26亿吨。

此外，在大西洋西岸的加拿大、巴西、阿根廷的近海大陆架也相继发现油气资源，部分已投产。

除了丰富的油气资源，大西洋海底还有煤、锰结核和金刚石砂矿等资源。

　　海底煤炭主要分布在英国东北部苏格兰的近海和加拿大新斯科舍半岛外侧的大陆架。英国的海底煤藏量不少于 5.5 亿吨，每年采煤量达 2 000 万～2 500 万吨。此外在西班牙、土耳其、意大利等国沿海海底也发现有煤的储藏。

　　在北美加拿大的纽芬兰岛东侧有世界最大的海底铁矿，储量超过 20 亿吨，已开采。波罗的海、芬兰湾也有海底铁矿。

　　大西洋还有重砂矿，美国、巴西、阿根廷、挪威、丹麦、西班牙、葡萄牙、塞内加尔等海岸外都有发现。

　　大西洋深 4 000～5 000 米的海底广泛分布着锰结核，总储量约 1 万亿吨，主要分布在北美海盆和阿根廷海盆底部，其富集程度和品位均不及太平洋和印度洋。

　　在非洲西南部岸外海底有大量金刚石砂矿。世界溴产量的 70％产自大西洋海水。

渔业资源盛极渐衰

　　大西洋渔业资源丰富，其捕获量约占大西洋中海洋生物捕获量的 90％。

　　西北部和东北部的纽芬兰和北海地区为主要渔场，其中纽芬兰岸外，湾流与拉布拉多洋流交汇处，是世界四大渔场之一。海洋渔获量约占世界的 1/3～2/5。

　　大西洋的渔获量曾居世界各大洋之首，20 世纪 60 年代以后，由于过度捕捞，退居第二位，低于太平洋。捕获量最多的是东北诸海域，即北海、挪威海、冰岛周围，年渔获量约占大西洋总渔获量的 45％。其次是大西洋西北海域，渔获量占总渔获量的 20％。大西洋靠近南极洲的海域是磷虾、鲸和海豹的重要捕获区。

发达的海上交通

　　大西洋在世界航运中处于极为重要的地位，它的西边通过巴拿马运河连接太平洋，东边穿过直布罗陀海峡，经地中海、苏伊士运河通向印度洋，北面连通北冰洋，南面与南大洋畅通，航路四通八达、十分便利。

　　大西洋沿岸有许多发达的地区，贸易、经济交往频繁，是世界环球航运

体系中的重要环节和枢纽。在全世界两千多个港口中，大西洋沿岸占有3/5，其中不少是世界知名港口。每天在北大西洋航线上的船只平均有4 000多艘，拥有世界2/3的货物周转量和3/5的货物吞吐量，是世界航运最发达的大洋。

大西洋的主要航线有5条。一条是欧洲与北美洲之间的北大西洋航线，另一条是欧洲与亚洲、大洋洲之间的远东航线，第三条是欧洲与墨西哥湾和加勒比海间的中大西洋航线，第四条是欧洲与南美洲之间的南大西洋航线，第五条是从欧洲沿非洲大西洋沿岸到开普敦的航线。

大西洋与北冰洋的联系也很方便，有多条航道相连通。

在这些航线中，以北大西洋航线最为繁忙，世界商船的1/3以上航行在这条航线上。通过海运的主要货物是石油和石油制品，其次是铁矿石、谷物、煤炭、铝土及氧化铝等。

美丽伤感的印度洋

印度洋地理概况

印度洋是世界第三大洋，面积为7 344.3万平方千米（不包括附属海），平均深度为3 963米，最大深度为9 078米，位于阿米兰特海沟内。

由于印度洋位于大西洋的东面和印度的南面，所以1515年左右，欧洲地图学家就在地图上把这片大洋称为"东方的印度洋"。1497年，葡萄牙航海家达·伽马绕过非洲南端的好望角东航到达印度，便将沿途所经过的洋面统称为印度洋。后来，"东方的印度洋"就简化为"印度洋"，一直沿用至今。

印度洋以其西南方好望角的经线（东经20°）同大西洋分界，以其东南通过塔斯马尼亚岛的东经147°的经线同太平洋分开。它的北部为陆地所封闭，南面则以南纬60°为界，与南冰洋相连。

印度洋主要附属海的面积和深度

名　　称	面积（万平方千米）	平均深度（米）	最大深度（米）
红海	45.0	558	2 604
波斯湾	24.1	44	104
阿拉伯海	268.3	2 734	5 203
孟加拉湾	217.2	2 586	5 258
安达曼海	60.2	1 096	4 171
萨武海	10.5	1 701	3 470
帝汶海	61.5	406	3 310
阿拉弗拉海	103.7	197	3 680
大澳大利亚湾	48.4	950	5 080

迷人的海岛风光

印度洋的岛屿比太平洋和大西洋都少，且大部分是大陆岛，如马达加斯加岛、斯里兰卡岛等。也有一些火山岛，如留尼汪岛、科摩罗群岛、阿姆斯特丹岛等。此外，还有一些珊瑚岛，如马尔代夫群岛、桑给巴尔岛以及爪哇西南的圣诞岛、科科斯群岛等都是珊瑚岛。

印度洋的许多岛屿有着迷人的风光，它们像一颗颗璀璨的明珠，把大洋点缀得美轮美奂，吸引着无数的游人。

斯里兰卡是印度洋东北部的一个岛国，风光秀丽、物产丰饶、历史悠久，如同印度半岛的一滴眼泪，镶嵌在广阔的洋面上，是印度洋中的一颗最大的明珠。

桑给巴尔是世界上最香的地方，因为它是一群被青翠的丁香树、椰子树和各种热带花草覆盖的海岛，位于印度洋西部，是名副其实的丁

旅人蕉

71

猴面包树

香岛。

印度洋不仅有明珠，有香岛，还有新娘！

"新娘"在哪里？新娘就在印度洋北部波斯湾中的一群美丽的小岛——巴林群岛上。

巴林群岛如同一颗颗绿宝石，洒落在波斯湾上。岛上见到的是蓝天、碧海、绿树、沙滩和阳光，还有可口的美食，宽阔的马路，婆娑的树影。因为她太美了，所以人们叫它"新娘"。

印度洋东北部的尼科巴群岛，是孟加拉湾的一组重要岛屿。这里有许许多多的"天然茶水站"，那是一种叫旅人蕉的植物，像巨大的扇子，空心枝干里面含有很多水，在上面穿个孔就能取水，游人渴了，喝上几口，又解渴又清凉，所以人们亲切地叫它"天然茶水站"。岛上还有一种波巴布树，又粗又大，猴子最喜欢吃它的果实，所以又叫"猴面包树"。这种树的木质像海绵一样，里面有很多水，就像一口不会干枯的蓄水池，能给干渴的旅游者提供"救命水"，所以人们把它比作"生命树"。

在马达加斯加东面的海洋中，有一个以种植甘蔗为主的毛里求斯岛。一望无际、青翠碧绿的甘蔗林，散发出阵阵糖香，于是人们就叫它"甜岛"。

甜岛糖香醉，爱情价更高。马达加斯加东北的塞舌尔群岛，就是一个"爱情之岛"。相传这里是亚当和夏娃住过的地方，人们就称它为"伊甸乐园"，或是"爱情之岛"。

塞舌尔群岛中有一个"蛋岛"，因有大批海燕的蛋而闻名。还有一个马埃岛，有世界上一流的天然海滨浴场。平缓的海滩，温暖清澈的海水，洁白而细腻的沙滩，是水浴、风浴、日浴、沙浴的理想场所，吸引着成千上万的游客。

旅游胜地马尔代夫，是印度洋的花环群岛。这群珊瑚小岛，坐落在斯里兰卡西南800多千米的海面上，由19组珊瑚环礁、1 200多个珊瑚岛组成。环

塞舌尔的"蛋岛"

礁礁体洁白，在阳光照耀下闪闪发光。加上四周浓蓝的海水，岛上翠绿的树木，景色就像一串串色彩缤纷的花环，镶着鲜艳的翡翠，嵌着闪光的宝石，真是美不胜收。

印度洋北部孟加拉湾内的安达曼群岛上，有一个矮人国，当地居民平均身高只有1.2米。这可不是童话里的描写，而是真实的世界上最矮人种之一。

印度洋北部封闭，南部开阔，以南纬60°同南冰洋（也叫南极海）分开。北部海岸线曲折，东、西、南三面海岸陡峭平直。

海洋季风气候

由于印度洋北部与亚洲大陆毗邻，随着季节更替，海陆热力差异造成了气压带和风带的季节性移动，因而形成了世界上显著的热带季风气候。

冬季（1月），在蒙古高压影响下，印度洋北部吹东北季风，风向与东北信风一致，这时印度洋北部气温较低而少雨，印度洋南部吹东南信风，东北季风和东南信风在赤道附近相遇，形成强烈多雨的热带辐合带。夏季（7月），太阳直射点北移，蒙古高压被印度低压所取代，来自南印度洋副热带高压的东南信风，经过高温高湿的赤道海域，进入印度洋北部时转为西南季风，气

温增高，降水量也大大增加。

海洋环流南北迥异

由于季风气候的影响，印度洋北部和南部洋流系统不同。

北印度洋没有长年吹刮的信风，它的风向随季节改变，属于季风区域，所以洋流的方向也有明显的季节变化。每年10月至次年3～4月盛行东北季风，海水向偏西方向流动，称为东北季风流。它在非洲海岸被阻，转向南，与南赤道流的北分支汇合，一起流向东方，形成赤道逆流。每年5月至9月，风向变换，西南季风活跃，海流也就变成与冬季完全相反的西南季风流。此时，赤道逆流消失。

南印度洋的表层海流与南太平洋和南大西洋极为相似，存在一个亚热带表层逆时针方向流动的环流。环流的北侧为南赤道海流，西侧为阿古拉斯海流，南侧为西风漂流，东侧为西澳大利亚海流。

南印度洋的西风漂流是大西洋西风漂流的延续，与太平洋和大西洋的西风漂流连成一片。

丰富的油气矿产资源

印度洋的石油和天然气资源相当丰富，主要分布在波斯湾，此外，澳大利亚近海大陆架、孟加拉湾、红海、阿拉伯海、非洲东部海域及马达加斯加岛近海，都发现有石油和天然气。波斯湾海底石油探明储量为120亿吨，天然气储量为7 100亿立方米，油气资源占中东地区探明储量的1/4。20世纪60年代以来，波斯湾油气产量大幅度上升，年产石油约2亿吨，天然气约500亿立方米，石油的储量和产量都居世界首位。印度洋海域是世界最大的海洋石油产区，约

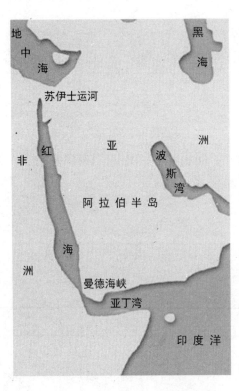
印度洋联系欧洲的海上交通要道

占海洋石油总产量的 1/3。

印度洋还有锰结核、重砂矿和多金属软泥等海底矿藏。锰结核主要分布在深海盆底部，其中储量较大的是西澳大利亚海盆和中印度洋海盆。此外，在印度半岛近海、斯里兰卡周围以及澳大利亚西海域中还发现相当数量的重砂矿。

20 世纪 60 年代中期，在红海发现了含有多种金属的软泥，它含有氧化物、碳酸盐和硫化物，包括铁、锌、铜、铅、银、金等多种金属，其中铁的平均含量是 29%，锌的富集度最高可达 8.9%。红海的这种多金属软泥，是目前世界上已发现的具有重要经济价值的海底含金属沉积矿藏。

海上交通要道

印度洋是联系亚洲、非洲和大洋洲之间的交通要道。从印度洋往西北通过曼德海峡、红海、苏伊士运河、地中海和直布罗陀海峡到达西欧；向西南经好望角进入大西洋，通向欧美沿海各地；向东北经马六甲海峡和龙目海峡进入太平洋。

印度洋沿岸是世界资源的一个重要出口地，沿岸各国出口的石油、矿砂、橡胶、棉花、粮食和进口的水泥、机械产品和化工产品等大宗货物都需要依靠廉价的海洋运输，再加上大量的过境运输，使印度洋有较大的运输量，拥有世界 1/6 的货物吞吐量和近 1/10 的货物周转量。

印度洋的航运业虽不如大西洋和太平洋发达，但由于中东地区盛产的石油通过印度洋航线源源不断向外输出，因而印度洋航线在世界上占有重要的地位。印度洋上运输石油的航线有两条。一条是出波斯湾向西，绕过南非的好望角或者通过红海、苏伊士运河，到欧洲和美国。这是世界上最重要的石油运输线。另一条是出波斯湾向东，穿过马六甲海峡或龙目海峡到日本和东亚其他国家。霍尔木兹海峡在印度洋航线上占有重要地位，波斯湾地区出口石油总量的 90% 从海峡运出，因而霍尔木兹海峡被称为"石油海峡"。苏伊士运河经马六甲海峡的航线，是印度洋东西间一条最重要的航道，运输量巨大，它将西欧、地中海沿岸各国的经济与远东及北美洲西海岸各国的经济紧密地联系起来。

血泪的海上之路

印度洋西部、濒临非洲大陆东岸的蒙巴萨，是肯尼亚第二大城市。这里

地处印度洋航路的要冲，地理位置非常重要。中世纪的阿拉伯人、葡萄牙人和中国的航海家们都曾到这里经商。印度洋上的海盗们也经常出没于此，在蒙巴萨至阿拉伯海一带进行劫掠活动，因此这里不仅自古以来商业繁荣，海盗也极为猖獗，这一条饱含血泪的海上之路，至今还流传着许多关于海盗的传说。

在蒙巴萨以北 105 千米处，有一座占地面积约 18 万平方米的盖地古城遗址，城内的主要建筑有皇宫、大清真寺、城墙和墓群。皇宫由 10 座建筑组成，其中两座分别被命名为"中国钱币宫"和"中国瓷器宫"，这显然与中国有关。考古学家们在中国瓷器宫遗址发现一只完整的 16 世纪初期制造的中国青瓷碗，同时还发现了大量 15 世纪的中国瓷器，包括青瓷、青白花瓷和橄榄绿色的碗、碟、坛、罐等。当地考古学界认为，发掘出数量如此之大的中国瓷器，说明当时肯尼亚与中国的商贸往来十分频繁。看来，这些瓷器是中国元明时期的主要出口产品。明朝航海家郑和也曾到过此地，开展贸易。

18 世纪的海盗船

由于盖地的中国瓷器数量相当多，所以对考古学家来说，盖地是研究中国瓷器的珍宝之地。而由于盖地曾经是非洲东海岸的一个最富庶的城市，有着令人垂涎的财宝，故对于寻宝者来说，在过去 100 年中，阿拉伯人、葡萄牙人、荷兰人和英国人的寻宝队都曾蜂拥而至，他们是来找那传说中的 100 多桶"海盗黄金"的。

这究竟是怎么回事呢

公元 1100 年左右，阿拉伯人在这里建立了一个商业移民区，叫做盖地。很快，盖地与印度、波斯、威尼斯之间建立了广泛的商业关系，使这里突然繁华起来，拥有了大量的香料、木料、黄金、宝石和象牙。15～17 世纪时，阿拉伯人又在此建造了豪华的住宅和许多精美的清真寺、面积上千平方米的总督府等大型建筑。但是，不知从什么时候起，有个叫加拉·奥罗莫的部落突然侵入了盖地，并给这座城邦带来了彻底的灭顶之灾，城内所有的房屋被摧毁，几乎所有的居民都被杀戮或者被强行驱逐。从此，繁华的盖地城逐渐被原始森林所覆盖，东非最富庶的城市消失在绿色树木形成的屏障之中。在以后的几百年间，它似乎也在人们心中消失了。

直到1870年，一群阿拉伯海盗闯入了盖地城邦，说是要寻找在那里的某个地方埋藏着的100多桶金银币。这样，这些隐藏了多年的财宝才为世人所知。许多贪财的人跃跃欲试，千方百计想要寻到这些飞来的横财。

那么，这些金银是什么人埋藏在这里的？他们为什么要把它埋藏在这里？为什么在隐秘了几百年后，阿拉伯海盗又会知道这个秘密？这些阿拉伯海盗找到了这批宝藏了吗？

据说，这批财宝本来属于一支阿拉伯船队。后来，船队遭到海盗的袭击抢劫，抢掠者是东非著名的大海盗蒂皮·蒂普。

当时，在阿拉伯哈里发管区、东非海岸和桑给巴尔岛以及马达加斯加岛之间有一条传统商路，通过它运送的除了象牙、香料和丝绸以外，还有成千上万的来自于非洲的奴隶。这样，阿拉伯和东非之间的航道便以"血泪的海上之路"而日渐闻名起来。蒂皮·蒂普曾率领海盗船队多次袭击这条航路上的商船，每次都能顺利得手，劫得大笔财物，满载而归，从而成了豪门巨富。

在蒂皮·蒂普的海盗生涯中，最成功、最顺利但又最为令他遗憾的一次行动，是1870年劫掠一支由12艘船组成的阿拉伯船队。

当时，蒂皮·蒂普得到消息说，这支船队正途经印度洋向桑给巴尔驶来。船甲板下装着香料、布匹和满满100桶的金银币，他就带领海盗船队悄悄地跟在这支商船队后面，不动声色地监视着他们，准备找机会下手。谁知，商船队在肯尼亚东海岸附近遇到了暴风雨，装载金银币的那条船触礁，船员们迅速把那100桶金币用小艇转移到了另外两艘没有损坏的船上，然后通过一条隐蔽的大河的支流，把100多桶金币运到了盖地城邦。

藏宝人返回时，等在途中的蒂皮·蒂普询问藏宝的地点，藏宝人缄口不言，凶残的皮蒂·蒂普哪里还有耐心，没有得到任何宝藏的信息，就将他们全处死了，因为他确信自己怎么也能找到那100桶金币。但这次他想错了，

尽管他后来在此地辗转多次,但始终没找到那批宝藏。蒂皮·蒂普后悔得捶胸顿足,恨自己为什么不留下一个活口。

盖地城邦被加拉·奥罗莫的部落侵入后,随即遭到了灭顶之灾,繁华的盖地城邦从此不见人影,逐渐被原始森林所覆盖。后来,人们在密不透风的原始森林里找到了早已消失的盖地城邦的堡垒。于是,从1948年开始,这里就成为"国家纪念物"。

20世纪90年代,德国有位名叫尼古拉·色拉诺的寻宝专家,通过考证大量的史料,写了一本叫《海盗的宝藏》的书,认为这些金币可能埋藏在盖地的海玛清真寺和盖地宫殿的地下。他在宫殿中位于迎宾大厅和浴室之间的一口干涸的水井深处,发现了各由两把弯刀交叉而成的一组雕花。他曾设想这些雕花可能是阿拉伯海盗们留下的标记,并在那里挖掘了3个星期之久。

在30米深处,他发现了一块面积大约1.6平方米的正方形石板,但上面的文字已经模糊不清,无法辨认,继续往下挖掘也没有结果,由于经费已经用完,只好作罢。但他相信,金币的传说确实是有历史依据的,总有一天,那笔巨大的财宝会重见天日的。

冰天雪地的北冰洋

最北最小最浅的大洋

北冰洋位于亚洲、欧洲和北美洲之间,是地球上最北端、面积最小、深度最浅的一个大洋。古希腊曾把它叫做"正对大熊星座的海洋"。

北冰洋大致以北极圈为中心,被亚、欧、北美三大陆环抱,有狭窄的白令海峡与太平洋相通;通过冰岛——法罗岛海丘和威维尔——汤姆森海岭与大西洋相连。如果不计附属海,它的面积只有503.5万平方千米,平均深度为2 179米,最大深度为5 220米。即使把附属海也算在内,面积也不过1 310万平方千米,平均深度也只有1 296米。

我们都知道地球上有四大洋,这就是太平洋、大西洋、印度洋和北冰洋,这是根据海岸轮廓、地形起伏和水文气象特征来划分的。可是一些国家有不同的看法,他们认为地球上只有三大洋,即太平洋、大西洋和印度洋,把北冰洋看做大西洋的一部分,叫"北极海"。

水文气象状况

北冰洋地处高纬度的北极地区，太阳高度很低，获得的太阳辐射能很少，因而气候十分寒冷。冬季从11月起直到次年4月，长达6个月。5～6月和9～10月分属春季和秋季。而夏季仅7～8两个月。1月份的平均气温介于$-20～-40℃$。而最暖月8月的平均气温也只达到$-8℃$。在北冰洋极点附近漂流站上测到的最低气温是$-59℃$。由于洋流和北极反气旋的影响，北极地区最冷的地方并不在北冰洋的中心区域，而是在西伯利亚维尔霍扬斯克，这里曾记录到$-70℃$的最低温度，在阿拉斯加的普罗斯佩克特地区也曾记录到$-62℃$的气温。

越是接近极点，极地的气象和气候特征越明显。在那里，一年的时光如同只有一天一夜。即使在仲夏时节，太阳也只是远远地挂在南方地平线上，发着惨淡的白光。太阳升起的高度从不会超过$23.5°$，它静静地环绕着这无边无际的白色世界缓缓移动着。几个月之后，太阳运行的轨迹渐渐地向地平线接近，于是开始了北极的黄昏季节——秋季。黄昏一过，随之而来的将是漫漫冬季长夜。极夜又冷又寂寞，漆黑的夜空可持续5～6个月。直到来年的3～4月份，地平线上才又渐渐露出微光，太阳慢慢、慢慢地沿着近乎水平的轨迹露出自己的脸庞——北极新的一年的黎明开始了。

由于气候寒冷，海洋表面绝大部分终年被海冰覆盖，是地球上唯一的白色海洋。北冰洋海冰平均厚3米，冬季覆盖海洋总面积的73％，约有1 000万～1 100万平方千米，夏季覆盖53％，约有750万～800万平方千米。

这些浮冰主要是海水结冻而成。当海水的温度低至冰点以下，在有结晶核存在的情况下，海水就会结冰。最初，海面上会出现细小的针状冰针，冰针互相冻结，形成像油脂一样的灰色薄层，叫做冰脂，继而出现薄冰。随着温度不断降低，冰层不断变厚变大，形成广阔的冰原。由于波浪、海流、潮汐的不断作用，冰原会碎裂成大小不一的冰块，漂浮在海面上，这就是浮冰。如果海面平静，气温降低，这些浮冰又会重新冻结在一起。所以，探险船要是被浮冰所包围，就有被冻结其中、无法逃脱的危险。

北冰洋中心区域的海冰已持续存在300万年，属永久性海冰。

除了海冰，北冰洋还有许多高大的冰山。冰山和浮冰虽然都是"冰"，但

它们的来路却大不相同。

北冰洋的冰山工厂

北冰洋的冰山是由一座巨大的"冰山工厂"制造出来的。这座天然冰山工厂就是格陵兰岛。

显微镜下的雪花

格陵兰岛气候十分寒冷，终年雪花飞舞，即使盛夏来临，也化不尽地上的积雪。日复一日、年复一年，地上的积雪一层层反复堆积。科学家曾利用先进的科学分析方法，在这片冰雪层下探测到 10 万年前形成的雪花。压在下层的积雪承受不住强大的积雪层重量，渐渐失去原先疏松的特性，变成淡青色的透明冰块。这片覆盖着格陵兰绝大部分土地的冰层，平均厚度达 1 500 多米，沿着倾斜的地势缓缓地向下滑行，好似一条条冰的河川，人们形象地叫它"冰川"。

长长的冰川延伸入大海，在海岸受到海流、潮汐、海浪和太阳热力的联合作用，逐渐崩裂，发出阵阵巨响，碎成一团团巨大的冰块，浮在海面上随波逐流。一路上，阳光、风雨、海浪不断侵蚀着它们，浮冰因此被"雕"成了各种形状：有的好像辉煌的金字塔，有的如同嶙峋的山峦，有的似巨大的桥洞，无奇不有，蔚为壮观，这就是人们在海面上所见到的冰山。这些冰山，有的高达百米，长达千米，无异于一座浮动的小岛。然而，这只是人们能够见得到的一部分，在水下，它还隐藏着十分之七八的身躯，冰山的庞大是可想而知了。

一座冰山从冰川分离，独立漂流以后，可以维持两年的"生命"，在海洋里漂过达 3 000 千米的路程。当它漂至温暖的海域后，终会因为外界温度过高，无法继续生存下去，而融化得无影无踪。四处漂浮的冰山会给航船带来无穷的灾难，成为探险队的劲敌。

历史上因触冰山而遇难的探险队不在少数。1858 年，英国探险家约翰·戴维斯为了寻找北极航路，其航船在加拿大与格陵兰之间的海峡受到接二连三高大冰山的阻击，不得不返航。为了纪念这次探险航行，人们把这里命名为"戴维斯海峡"。1616 年，另一位英国探险家威廉·巴芬从戴维斯海峡北上，深入北纬 77°45′ 的高纬度地区，最后仍然为冰山所阻，被迫返航。因而戴维斯海峡以北的海域，就获得了"巴芬湾"的名称。

北冰洋的冰山

"泰坦尼克"号的沉没

1912 年 4 月 10 日，当时最先进、最豪华的邮轮"泰坦尼克"号载着 1 316 名乘客和 891 名船员，从英国南安普顿的海洋码头起航，开往美国纽约。一路上航行得十分顺利，也十分平稳。船长得意地把一支铅笔平稳地竖立在餐桌上，以显示航船的先进性能。4 月 12 日晚上，更是风平浪静，人们尽情地享受着醉人的海风，沉浸在无比的快慰之中。

可是，这位船长做梦也没有想到，这艘出尽了风头、被誉为永不沉没的轮船，竟在它的处女秀中的此时此刻，迎来了毁灭性的灾难。

"泰坦尼克"号沉没

晚上 11 点 40 分，值班员发现远处有两张桌子大小的黑影，以极快的速度变大。他立即敲了几下警钟，并抓起电话通知驾驶室："正前方发现冰山！"驾驶室立即减速，并来了一个左满舵，停船倒船。可就是这个举动，使船身左侧猛地撞上了冰山。"轰"的一声，"泰坦尼克"号像遭受地震一样猛烈地抖动。

还没来得及等救援船只到来，它迅速倾斜、沉没。1 500多人葬身大海，造成了20世纪最严重的十大灾难之一。影片《冰海沉船》和《泰坦尼克号》所描述的就是这次大灾难的故事。

北冰洋的环流

浮冰和冰山严重阻碍航行，航海家们为了寻找从大西洋经过北冰洋通往太平洋的西北航路，经过了几个世纪的前赴后继的探索，不知有多少人的生命葬身冰冷的海洋。终于，挪威探险家阿蒙森率领的探险队，于1906年打通了西北航路，对航海事业作出了重大的贡献。

现在，北冰洋沿岸的不定期航线已经开通，夏季融冰时期，由破冰船导航，可以航行。人们还用潜艇开辟了北冰洋的水下航线。它不受冰的影响，一年四季可以通航。1958年，美国核潜艇"鹦鹉螺"号，从冰面下穿过北极极点，胜利横越了北冰洋。

尽管北冰洋的大部分洋面被冰雪覆盖，但冰下的海水也像全球其他大洋

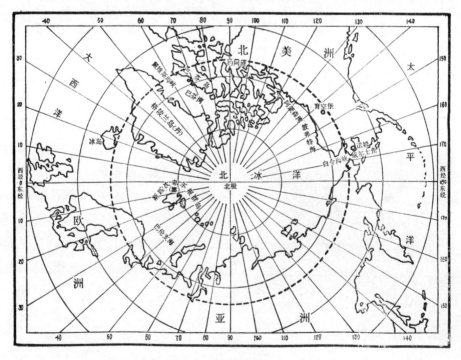

北冰洋简图

的海水一样在永不停息地按照自然规律流动着。

北冰洋表面也有环流。北大西洋海流的北分支沿挪威近海北上，进入北冰洋，称为挪威海流。挪威海流经过北角后，沿挪威北岸继续流动，称为北角海流。另一支海流是从楚科奇海流经北极点附近，然后从格林兰东部近海流出北冰洋，这就是东格林兰海流。还有一支西格林兰海流，从北冰洋经格林兰西部沿海流出北冰洋。

就整体而言，北极地区的平均风速远不及南极，即使在冬季，北冰洋沿岸的平均风速也仅达到 10 米/秒。尤其是在北欧海域，由于受到北角暖流的控制，全年水面温度保持在 2～12℃，甚至位于北纬 69°的摩尔曼斯克也是著名的不冻港。在那个地区，即使在冬季，15 米/秒以上的疾风也比较少见。但由于格陵兰岛、北美及欧亚大陆北部冬季的冷高压，北冰洋海域时常会出现猛烈的暴风雪。北极地区的降水量普遍比南极内陆高得多，一般年降水量介于 100～250 毫米，格陵兰海域则达到每年 500 毫米。

海冰会消失吗

近些年来，随着全球温室气体排放量增大，气候变暖，洋面冰区大为缩小，开辟定期北冰洋的航空线和航海线将成为可能。一旦北冰洋航线正式开通，亚洲、欧洲与北美洲间的航海线将缩短 6 000～8 000 千米，显赫一时的苏伊士运河和巴拿马运河的交通要塞地位将大为削弱。

那么，北冰洋的冰会减少，会消失吗？

2008 年，美国加州大学的研究人员称，北冰洋可能会在 21 世纪末就没有冰了。2010 年 9 月，美国冰雪数据研究中心的冰川学家进一步肯定了这个结论，认为北冰洋冰块覆盖面积每 10 年减少大约 11%。他们说："到 2030 年 9 月 1 日去北冰洋，你可能见不到任何冰，见到的只是一片蓝色的海洋。"

这些预测说得那么具体，有板有眼，是耸人听闻还是有意炒作？

不，这是有科学依据的，也有事实可以证明，因为 2008 年夏季，北冰洋西北和东北各通道，就已经出现了好几周都没有冰的情况。2009 年 7 月 23 日和 28 日，德国货轮"布鲁格友爱"号和"布鲁格远见"号先后离开韩国釜山港，从白令海峡进入北冰洋，取道东北航路，顺利抵达俄罗斯西伯利亚扬堡港，然后又相继驶往荷兰的鹿特丹港。一路上基本没有遇到什么冰，而以前

这条航道冰太多，根本无法航行。所以这些预测是有比较大的可信度的。

北冰洋冰雪的迅速融化，说明温室效应已经相当严重。如果不加强节能减排，照此下去，一个无冰的北冰洋肯定会出现，这将是地球上的一场大灾难。到时候，"北冰洋"就将名不副实，或许要把"冰"字拿掉，将它改为"北极洋"了。

北极熊

中国海的古往今来

中国海的基本面貌

我们伟大的祖国不仅幅员辽阔，内海和邻海的疆域也十分广大。渤海、黄海、东海和南海是我国的四大邻海，其中渤海是我国的内海。它们呈东北—西南向的弧形，环绕着亚洲大陆的东南，是太平洋西北部的陆缘海。台湾东岸则濒临太平洋。

渤、黄、东、南四海相连，习惯上将它们统称为"中国海"。其中，渤、黄、东三个海区常常被称为"东中国海"，南海则被称为"南中国海"。

中国海北面和西面紧靠中国大陆、中南半岛和马来半岛；东面与朝鲜半岛、九州岛和琉球群岛、台湾岛以及菲律宾群岛为邻；南至大巽他群岛。整个海域纵跨温带、亚热带和热带，总面积近470万平方千米。

在中国海的4个海区中，辽东半岛南端老铁山角经庙岛群岛至山东半岛北端的蓬莱角是渤海与黄海的分界线；长江口北角至济州岛西南角的连线是黄海与东海的分界线；福建东山岛南端至台湾南端鹅銮鼻的连线则是东海与南海的分界线。

大陆环抱的渤海

渤海是临近我国的四大海区之一，是我国的内海。它像一个斜置的葫芦，头枕东北平原，坐落在华北平原之上；辽宁在它的东北方，河北在它的西北面，山东是它的南邻；庙岛群岛像一串长长的链条·（长65千米），构成了它的天然东栅。它仿佛被巨蟹的一对大螯——辽东半岛与山东半岛所环抱，仅

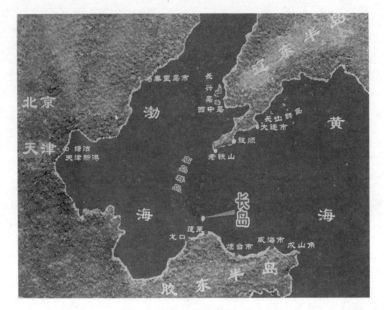

庙岛群岛

留下渤海海峡中的几个水道与外海相通，造成了近似封闭之海的大势。

渤海的面积为 7.7 万平方千米，约相当于我国陆地面积的千分之八；平均深度为 18 米，最大深度为 83 米，位于渤海海峡北端的老铁山水道内；东北—西南方向的长度约 550 千米，东西方向的宽度约 346 千米。

由于渤海伸入大陆，水深又浅，故在许多方面深受大陆的影响。

半封闭的黄海

越过渤海海峡往东再往南去，半封闭的黄海就会呈现在眼前。这是一个比渤海大而深的海域，位于我国山东半岛、苏北平原与朝鲜半岛之间，南面是浩荡的东海。

从表面上看，黄海与东海并没有明显的界线，但它们在海底的分水岭却泾渭分明。这条分水岭从浙江舟山群岛延伸至韩国的济州岛，是一条微微高起的水下高地。从地形上来说，似乎把这条水下高地作为黄海与东海的分界才比较合理，可是人们却把它们的分界线划在长江口北岸至济州岛西南角的连线上。

由于山东半岛的成山角与朝鲜半岛的长山串自然地将其分为南北两部分，

所以习惯上又将成山角至长山串一线以北称为北黄海，以南称为南黄海。

黄海的面积为 41.7 万平方千米，与我国云南省的面积相仿；平均深度为 44 米，最大深度为 140 米，位于济州岛的北面。尽管黄海的面积和深度都比渤海大，但仍然是大陆架上的浅海。

黄海长期以来就是黄河的归宿，黄河、长江、淮河等河川把数不尽的黄褐色泥沙注入黄海，使它成为世界上接受泥沙最多的陆缘海。黄褐浑浊的泥沙与蓝色透明的海水混合在一起，百里海疆因而变成一片微黄，黄海因此而得名。如今黄河虽然已改道奔向渤海，但历史留下的痕迹是不容易磨灭的。何况黄河水现在仍然要经由渤海和渤海海峡间接地流到黄海来，黄海的微黄面貌就更不容易改变了。

浩荡的东海

从黄海再向南去，一个真正开阔的边缘海就会呈现在眼前，这就是面积为 770 万平方千米、平均深度为 370 米、最大深度达 2 780 米的浩荡绚丽的东海。

东海北面与黄海连成一体，东北面以济州岛、五岛列岛、长山崎一线为界，并经对马海峡与日本海相连；东面和南面以日本九州岛和琉球群岛与太平洋隔开；西南面以我国台湾省和台湾海峡与南海分界。

东海色泽绚丽，风光秀美。在它的东南部，巨大的黑潮暖流从太平洋奔腾而入，沿着琉球群岛的西北侧蜿蜒而上，仿佛给东海缀饰着一条浓蓝色的彩带。这一色彩是黑潮水特有的象征，它温度特高，盐度特大，水质十分贫瘠，生物极其稀少，故而显出了蓝黑色的外貌，并赢得了黑潮的称号。

在东海的西北部，滚滚长江从大陆倾泻而来，把混浊的泥沙水向海中尽情地扩展，又仿佛给东海戴上一顶黄色的桂冠。

在东海中央海域，即是黑潮余脉所及之地，长江泥沙又能微施影响，因而颜色一片青绿，恰似东海披上的一件绿色外衣。

东海福建沿岸，因有大量河水流入，颜色绿中带黄，犹如绿色外衣上的镶边。

这缤纷的色彩，把东海打扮得异常艳丽；散布在海面上的成百上千的岛屿，曲折的海岸，高耸的悬岩，更把它装点得分外妖娆。这一切，都在向人

们诉说着它与大陆仍然有着密切联系的历史。

辽阔美丽的南海

从东海向西南看，越过水流湍急的台湾海峡，就进入晶莹碧透的南海，也叫南中国海。

南海北接我国大陆，东面和南面分别隔着菲律宾群岛和大巽他群岛与太平洋、印度洋为邻，西临中南半岛与马来半岛，是临近我国最大、最深的一个海。

南海的面积344.7万平方千米，大约和16个广东省的面积相当。平均深度为1140米，最大深度为5567米。

南海是一个美丽的海洋。浓蓝色的海面，在阳光的照耀下，闪烁着粼粼水光，点缀着万点银星，就像天上的银河散落在人间。一群群岛礁暗沙，散布在浩渺的海域，犹如一串串珍珠，洒入蓝色的玉盘。海鸥展翅翱翔，飞鱼掠水凌空，椰风吹动银浪，蓝天白云飘浮，南海的风光，多么令人神往。

南海是一个四通八达的海洋。它不像渤海、黄海那样为陆地所环抱，它甚至比东海更为开阔。它有许多海峡联系着周围的汪洋大海，海水四通八达，交通十分便捷。它有巴士海峡、巴林塘海峡、巴拉巴克海峡与苏禄海相接；卡里玛塔海峡是它与爪哇海沟通的渠道；举世闻名的马六甲海峡以及新加坡海峡，则与它的西南面的印度洋连接起来。

漫长曲折又多姿的海岸

曲折漫长的海岸

中国的海岸曲折漫长。从辽宁的鸭绿江口，到广西的北仑河口，我国大陆海岸线长达18000多千米。如果把沿海众多的岛屿岸线也算在内，海岸线就更长了，达32000多千米。这漫长的海岸线，曲曲弯弯，风貌千差万别，不仅景色旖旎，也给工农业生产、交通运输和旅游事业提供了许多的便利。

岩石林立的山地海岸，岸线崎岖，水深湾长，岛屿众多，景色壮丽。这里虽然奇崖绝壁，地势险峻，却是建造良港、发展海上交通和旅游事业的理想场所。遍地泥滩的平原海岸，岸线平直，地势坦荡，潮来一片汪洋，潮去一片滩涂。这里虽无峭崖绝壁，也少深水良港，却是围海造田，开辟盐场，进行水产养殖的好地方。风光独特的生物海岸，由珊瑚礁或红树林组成。这里有巨大的珊瑚礁体，宽阔的礁平台；有绿色的林海，天然的防波堤，是丰富多彩的热带生物栖息的王国，也是陆地自然生长的"造陆海岸"。

壮观的山地海岸

如果乘坐海船，沿着祖国的海岸线缓缓而行，那么，在辽东半岛和山东半岛，在浙江、福建、广东、广西和台湾西部，我们能见到许多气势磅礴、雄伟壮观的景色。那弯弯曲曲的海岸线，犬牙交错，危崖耸立，礁石遍地。有的地方，一对对突入海中的岬角，环抱着一个个海湾；有的地方，岩岸上孤石突起，形状奇特；还有的地方，怪石群立，形成一片片海上石林。某些岸边的巉岩，高耸如山，仰望崖顶，

福建平潭的半洋石帆就是典型的海蚀柱

烟雾缭绕；俯瞰崖底，波涛汹涌。某些海湾的入口，横亘着一条天然的沙坝，构成与大海隔离的泻湖，或者沙坝将海岸与岛屿连接起来，构成陆连岛。这就是山地海岸特有的风貌。

山地海岸又称基岩海岸或港湾海岸，习惯上简称岩岸。它是海水淹没基岩山地而形成的。这些由岩石组成的海岸，在海洋和大气的共同作用下，不断地运动、变化。海浪的侵蚀，海流的冲刷，大气的风化，就像自然界的伟大雕塑家，用它们灵巧而有力的巨手，把海岸雕成各种各样的形状，带来千奇百怪的景色。

岩岸经受了这许许多多的破坏作用，原来的形状就会变得面目全非。而这些改变首先是在与海水直接接触的地方开始的。

在海岸与海水交接的地方，经过海浪的轰击，海流的冲刷，石头的敲打和大气的风化，原来斜坡状的海岸就会出现凹穴。这些凹穴叫做海蚀穴或海蚀壁龛。破坏的作用当然不会停止，因而海蚀穴就不会停留在一个规模上，

大连海滨的海蚀穴

而会随着时间的推移被掏得越来越大，越来越深。终于，穴顶的岩石因失去支持而崩塌下来，坠入翻腾的海水中，碎裂成细小的石块，海岸也因此后退了。

在破坏力量的继续打击下，后退了的岩岸又会形成新的海蚀穴。穴顶岩石再次崩塌，海岸再次后退。破坏作用反复进行，岩岸不停地把它的位置让给大海，而原来的悬崖就变成微微向海倾斜的崎岖不平的岩石滩地。那些沉入水中的细小石块，则被海浪中的回流搬运到较深的海里，在那里堆积，形成海底阶地。

惊心动魄的两洞潮音

浙江普陀山的潮音洞，就是未坍塌的海蚀穴，给人们带来壮观的海岸美景，也向人们诉说着大自然雕塑家的威力。

潮音洞一半浸在海中，一半露出海面，从崖顶至崖脚，高数十米。洞内怪石交错，犬齿森然，几乎难以立足。这里海岸曲折往复，巉岩峭壁，怪石层叠。潮水冲入洞中，浪石相激，有如雷声。由于洞穴日夜吞吐海潮，故雷声不绝，潮音洞因此得名。洞底通海，顶上有两处缝隙，称为天窗。涨潮时，倚岩俯视，仿佛蛟腾足下，险怪百出，令人惊心动魄。若遇大风天气，浪花飞溅，浪沫直冲"天窗"之上，似千堆白雪跃上空中。若是晴天，洞内会出现七彩虹霓的幻象，令人叹为观止。

梵音洞也是普陀山的海蚀穴，历来为普陀山的重要景观，其名声比潮音洞有过之而无不及。

梵音洞位于青鼓垒山东南端，洞岩斧劈，高约 60 米，纵深约 50 米，峭壁危峻，两边悬崖构成一门。在普陀山众多神奇的洞壑中，梵音洞的磅礴气势和陡峭危壁，为其他洞所莫及。

梵音洞山色清黔，苍崖兀起，距崖顶数丈的洞腰部，中嵌横石如桥，宛如一颗含在苍龙口中的宝玉。两陡壁间架有石台，台上筑有双层佛龛，名

"观佛阁"，前可望海，后可观洞，相传为观音显圣处。凡欲观览梵音洞者，先要从崖顶迂回顺着石阶而下，然后来到观佛阁。洞深幽，在阳光海潮作用下，洞内岩石各显奇形，变幻莫测。此地又为梵音洞观潮最佳处，佛阁下曲屈通大海，海潮入洞，拍崖涛声如万马奔腾，如龙吟虎啸，日夜不绝，闻之者无不惊心动魄。

佛阁下海潮翻滚，拍崖涛声如万马奔腾、龙吟虎啸，日夜不绝。因此，梵音洞又与潮音洞并称为"两洞潮音"，是普陀山上最适宜听潮观海的两个地方。

海中的石老人

耸立于青岛午山脚下海中的石老人，也是我国基岩海岸典型的海蚀柱景观。它是距岸百米处的一座 17 米高的石柱，形如老人坐在碧波之中，人称"石老人"。老人以手托腮，注目凝神，每天晨迎旭日，暮送晚霞，伴着潮起潮落，历尽沧桑，不知度过了多少岁月。这个由大自然鬼斧神工雕琢的艺术杰作，已成为石老人国家旅游度假区的重要标志，也是青岛著名的观光景点。

石老人海蚀柱是千百万年的风浪侵蚀和冲击，使午山脚下的基岩海岸不断崩塌后退形成的。绝大部分基岩被研磨成细沙沉积在平缓的海湾，唯独有一块坚固的石柱残留下来，遂成今日老人的形状。

虽然这是大自然的杰作，但却被人们幻成美丽的遐想，予它以人格化。说是老人原是居住在午山脚下的一个勤劳善良的渔民，与聪明美丽的女儿相依为命。一天，女儿不幸被龙太子抢进龙宫，可怜的老人伤心欲绝，日夜在海边呼唤，盼望女儿能够回来。他不顾海水没膝，天天在盼，天天在等，直盼得两鬓全白，直等得腰弓背驼，仍执著地在海边守候。后来，凶恶的龙王趁老人坐在水中托腮凝神之际，施展魔法，使老人身体渐渐僵化成石。姑娘得

青岛的"石老人"

知父亲的消息，痛不欲生，拼死冲出龙宫，向已变成石头的父亲奔去。她头上插戴的鲜花被海风吹落到岛上，扎根生长，从而使长门岩、大管岛上长满耐冬花。当姑娘走近崂山时，龙王又施魔法，把姑娘化作一块巨礁，孤零零地定在海上。从此父女俩只能隔海相望，永难相聚，后来人们把这块巨礁称为"女儿岛"。

如果你有机会去青岛观赏这一海蚀柱的美景，你就可以看见该海蚀柱中间有一孔透明，远远望去，这个驼背的老人在阳光下闪射着古铜色的光泽。涨潮时，孤石浸在海水中，老人仿佛有欲动之姿，景色十分别致。

不断变宽的沙滩

岩岸被侵蚀破坏后，常会带来许多变化，为沿海增添不少旖旎风光。而海浪侵蚀下来的细小砂砾，又会随海流漂运至远方，沿着海岸堆积，形成各种类型的海洋堆积地貌。我国南方沿海各省气候暖热湿润，风化十分强烈，陆地泥沙大量输入海洋，被海流带走，为海岸堆积地貌的发育提供了另一个有利条件。

海洋里的泥沙等物质，被海流带走后，首先在水深最浅、波浪作用最小的海湾顶部堆积，日积月累，就会形成海滨沙滩。随着泥沙的不断堆积，海滨沙滩会不断变宽，海岸因而不断地向海推移。几乎所有的海湾顶部都有这种沙滩。

某些海岸沙滩，由于风成作用严重，常常会形成海岸沙丘。沙丘高达20～30米，有的甚至达30～40米，大风一起，沙土飞扬，压埋农田，对农业影响很大。福建、广东沿海常有3～5千米宽的沙荒海岸，无法种植作物。所以，植树造林，改造沙荒地，不仅是干旱内陆地区的一项重要任务，在沿海某些风化作用的地区，也不可忽视。不过，有时沙丘也会堆成一些有趣的形状，带来沙滩上独特的风光。如北戴河的沙堆，呈新月形，吸引着许多游人前来观光，成为北戴河的一个旅游景点。

辽阔的平原海岸

平原海岸是在河流、海流和波浪等动力因素作用下，由泥沙堆积而成的海岸。这种海岸，无论是地貌形态、物质组成还是形成过程，都与滨海平原紧密相连。

平原海岸不像基岩海岸那样地势陡峻，岸线弯曲，岛屿众多，怪石嶙峋，而是地势平坦，岸线平直，海滩宽阔，沙洲浅滩纵横，没有基岩岛屿，也缺乏天然良港。

平原海岸可以分为3种类型，一是三角洲平原海岸，二是淤泥质平原海岸，还有一种是砂砾质平原海岸。

平原海岸是怎样形成的呢？

俗话说，百川归大海，中国海就是我国大陆、海岛上许多河川的归宿。河川把巨量的泥沙向大海倾泻，使海岸发生一系列的变化。黄河、长江、珠江是我国的几条大河，每年带入海中的泥沙多达十几亿吨。当河流流至入海口时，由于河道变宽，水流变缓，加上潮水的顶托，入海的泥沙便会逐渐沉淀，在河海交界处堆积，使底部逐渐增高，形成浅滩。泥沙越积越多，浅滩就越变越大，越变越高，终于成为浅滩或河口小岛。这些浅滩或小岛挡住了水流的去路，将河口分隔成两个分汊水道。随着泥沙的进一步堆积，浅滩、小岛的数目会越来越多，河口分汊水道也会越来越多，越来越小，越来越曲折。结果，整个河口水系便呈三角形向海散开，变得水网交织。而各汊道中的水流，仍然会继续堆积泥沙。一些小而浅的汊道淤塞了，水流被迫改道，泥沙的淤积作用也将随之移往别处。这种作用反复进行，泥沙堆积的范围便不断扩大。于是，一个河道密如蛛网的河口平原形成了，这就是河口三角洲平原海岸。

黄河、长江、珠江等大河流能形成三角洲式的平原海岸，其他河流也能形成这样的海岸，只不过由于其他河流流域面积小，泥沙含量少，所形成的三角洲面积不大罢了。像滦河河口就有一个较小的三角洲。还有一些河流因含沙量太小，不容易形成三角洲。像钱塘江虽然有一个很大的杭州湾，因江水含沙量极小，连同曹娥江在内，每年入海的泥沙才890万吨，不及黄河输沙量的1/13，很难改变杭州湾的面貌。

江河泥沙的堆积不仅能在河口地区形成三角洲平原海岸，也能在远离河口的地区形成淤泥质海岸。因为入海泥沙并不能全部在河口沉淀，相当一部分会被河流带到离河口较远的海岸附近堆积，久而久之，就形成了淤泥质平原海岸。渤海的辽东湾、渤海湾和莱州湾都有大片淤泥质海岸。

平原海岸中，还有一种由颗粒较粗的砂砾组成的海岸，叫做砂砾质海岸。砂砾质海岸的形成，一方面是由于河流泥沙本身较粗，另一方面是这些地区海浪较强，侵蚀海岸带来较粗的泥沙的缘故。台湾西海岸，这种砂砾质平原海岸最为典型。因为从台湾中部山区入海的许多溪流，溪短流急，水量大，砂砾多，加上台湾海峡风浪大，海浪对海岸的侵蚀作用强，所以砂砾质海岸特别发育。山海关至滦河三角洲之间的华北平原沿海地区，也有这种砂砾质平原海岸。

我国的平原海岸长达2 000多千米，主要分布在渤海沿岸及黄河西岸的江苏沿海。松辽平原外围以及浙江、福建、广东的一些河口与海湾顶部，也有小面积的平原海岸。

美丽富饶的生物海岸

在我国南方热带和亚热带海区，有许多美丽富饶的由珊瑚和红树林组成的特殊海岸，叫做生物海岸。

当海岸有大量的珊瑚礁出现，原来的海岸就会大为改观，变为特殊的珊瑚海岸。如果珊瑚在远离海岸的地方露出水面，海中就会冒出一个特殊的珊瑚岛。珊瑚岸的外侧和珊瑚岛的四周，常有一片没在水中的珊瑚体，构成宽阔的礁平台。

根据珊瑚虫喜热的习性，珊瑚岸的出现必然大大受到限制，它们基本上限于北回归线以南。台湾海峡的澎湖列岛是我国珊瑚礁的北界，再往北就没有珊瑚岛和珊瑚海岸了。

我国的珊瑚海岸以台湾东南沿岸、海南岛沿岸和雷州半岛分布较广，沿岸礁平台的宽度可达500米甚至2 000米。在礁平台的上部，常常有一个宽广而平缓的沙滩。这种沙滩不是由江河泥沙淤积而成的，它们是由破碎的珊瑚细粒组成的。珊瑚颜色艳丽，有的珊瑚在岁月的淘洗下变成纯净的白色。因此，由珊瑚细粒构成的海岸沙滩，洁白而细软，在阳光照射下，闪烁着耀眼的光辉，像一张巨大的白色丝毯，镶在祖国大地和海域之间，为祖国的南疆增添了另一种独特的美。

从礁盘往海中看去，透过清澈的海水，能见到一个五彩缤纷的海底大花园，黄的、蓝的、绿的、红的……各种各样的颜色在那里争妍斗艳，这是活珊瑚带来的美景。当珊瑚伸出它那又细又长的触手觅食时，看上去就像花朵一样，所以人们叫它"海石花"。这些海石花，有的像洁白的玉兰，傲霜的腊梅；有的像怒放的蔷薇，金色的秋菊，真是美不胜收。这个百花盛开的花园，吸引着各种美丽的热带鱼儿前来觅食、嬉游，为祖国的南部海域带来一个个丰富的生物资源王国。

红树林海岸是另一种形式的生物海岸。从福建的福鼎以南至海南岛，在沿海的许多淤泥浅滩上，常能见到大片大片的灌木丛林，宽1～3千米，组成一道绿色的海岸林带，这就是红树林海岸。每当海水涨潮淹没海滩时，这些森林的大部分被浸泡在水中，只有树冠露出水面，好像漂浮在海上的绿洲，别有一番风味。

红树喜暖，所以它只能生长在热带和亚热带。它还喜爱风平浪静的环境，所以在开阔的海岸不适宜它生长，通常在湾头、溺谷或有岛屿、沙洲作为屏障的曲折地段最为发育。但并非所有风平浪静的热带、亚热带海岸都有红树林，红树林的生长还需要一定的底质条件。

营养丰富的淤泥质海岸对红树林的生长最为有利，因而红树林多生长在

红树发达的根系

河口三角洲或冲积平原的岸边。红树林也很喜欢盐分，若没有海水浸泡，它就不可能生长；但如果一直浸泡在海水中，它又会因土壤缺氧而死亡。这就是只有在海边潮水涨落的潮间带才有红树林的缘故。红树林的根特别发达，以便在风浪袭击下能站稳脚跟。红树的叶小而肥厚，且有光泽，能在烈日暴晒下保存水分。每当落潮时，它们就完全暴露出来，密密麻麻地竖立在海滩上，盘根错节，像一道绿色的长城，捍卫着海岸。我国海南岛的文昌、儋县、三亚湾；雷州半岛的海安、锦囊；福建的惠安、泉州等海湾及珠江口等地都有红树林生长，尤以海南岛的铺前港和清澜港最为茂盛。

在红树林生长的海滩上，常会形成曲折蜿蜒的潮沟，像树权状或网状分割滩地。涨潮时，小船可以通过潮沟往来，这是穿越"绿洲"的最好通道，而其他地方则容易搁浅。有些根系极其复杂，即使人在林中穿行也极为困难。正因为如此，它能很好地起着阻挡水流和波浪的作用，使水流和波浪的能量在林内迅速衰减，使流速减小，波高降低，保护着海堤和农田免受狂涛的袭击，被人们称为"海岸卫士"。而其水下的枝权根系，又能像梳篦一样网罗海水中的泥沙，使之迅速、大量地沉淀，增高海底，扩大海滩，因而又被誉为"造陆先锋"。

开发利用大有可为

海岸不仅增添了美景，它的用途也很大，合理开发利用祖国漫长的海岸，是经济建设的一个重要方面。

基岩海岸最突出的用途是建设海港，发展海上交通。

读者也许会以为，沿海不论什么地方，都可以建设海港，造码头，停船舶，其实不然。因为现代化的交通运输工具，已不是古代的木船，而是庞大的钢铁巨轮。它体积大，可长达好几百米，吃水深，沉在水下的深度达5～6米甚至十几米。这样大的船舶，不是随便什么地方都可以停靠的，要有一定的要求。

建设一个良港，首先要有深水航道。通常1万吨的货轮吃水6～7米，2万吨的货轮吃水8～9米，5万吨的货轮吃水15米。所以，停靠和进出港的船舶吨位越大，海港航道的水深也就越大。其次，要有宽阔的水域和较长的海岸线。因为一个现代化的海港，必须具有多艘船只同时停靠和同时进出港的能力。水域太窄和海岸线太短，无法做到这一点。第三，要不淤，不冻，这样才能保证港口正常使用，常年作业。第四，要有良好的抵御海浪的环境，使港内保持较小的风浪，确保港内船舶的安全。最后，锚地的底质要好，可以固着铁锚，减少事故。

基岩海岸岸线曲折，岬角海湾众多，许多海湾深度大，外面又有岛屿得到屏蔽，因而水深浪静，水域开阔，是开辟天然良港的好地方。我国沿海许多良港都是在岩岸海湾内建立的天然港口。辽东半岛南端的大连湾，辽东湾西岸的秦皇岛，山东半岛北部的烟台港，山东半岛中南部的青岛港、威海港和连云港，都是利用天然海湾建立起来的海港。

福建省的岩岸港口也很多，厦门港、三都澳港、福州港、沙埕港、秀屿港、泉州港和东山港等都是在岩岸海湾中建设起来的海港。

台湾北端的基隆港和西南部的高雄港，也是在曲折的岩岸海湾中建设起来的海港。

平原海岸虽然景色单调，外貌荒芜，却是个聚宝盆，有很大的开发利用潜力。它广阔的淤泥质海岸，是发展农业和水产养殖业的好地方，也是开辟盐田、进行海盐生产的理想场所。它不断向外淤涨的自然现象，为我们带来向大海要土地的机会。海滩上生长的大片芦苇，为我们提供了重要的造纸原料。它的河口三角洲，历来是富庶的鱼米之乡，城镇云集之所在，在我国发展国民经济中起着举足轻重的作用。它的某些大河口，宽阔的海湾，也有建设海港码头的优越条件。

红树林海岸也可以开发利用。红树林不仅可防波护堤，使海岸增长，而且由于红树林海域土质肥沃，风小浪低，有机质多，是鱼虾栖息、繁殖和避敌的好地方。红树的叶、花又是鱼虾的天然饲料，根部则是蟹类居住的天然场所，所以生物资源十分丰富，到红树林去捕鱼捉蟹，十有八九不会空手而归。

红树本身的经济价值也很高。它的木质坚硬而细密，耐湿耐腐，是建筑、家具制作和乐器制作的良好材料。它的皮富含单宁，是提取烤漆的原料。它的叶富含糖和淀粉，可供食用或作饲料。

祖国的海岸形式多种多样，有许多地方风光特别妩媚动人，是开展旅游业的理想场所。

海底地形地貌丰富多彩

整个中国海的地势，同整个中国大陆的地势一样，大体上由西北向东南倾斜；海底地形的起伏，大体上也有向北向东南逐渐加大的趋势；陆地时期的河口平原和海滨，也就在大部分海底扮演着重要的角色。

中国海的大陆架十分广阔，占世界大陆架面积的5％以上。渤海和黄海全都是大陆架浅海；东海大陆架面积占其总面积的53％；南海平均深度虽然较大，大陆架仍然很宽广，占其总面积的22％。

渤海是一个浅海盆地，海底地形的基本轮廓是沿岸浅，中央深，坡度平缓，平均仅0°0′28″，最深处在渤海海峡北端。整个海底微微向海峡方向倾斜，地貌类型单一。一般将其分为渤海海峡、辽东湾、渤海湾、莱州湾和渤海中央盆地。

渤海海峡在辽东半岛的老铁山与山东半岛的蓬莱角之间，长105千米，庙岛群岛位于其中，并将其分隔成若干个水道。北部老铁山水道最大水深为78米，是渤海的最深处，也是黄海水进入渤海的主要通道。

黄海的坡度比渤海大，但仍然很平缓，平均坡度为1′21″。平均水深为44米，最大水深为140米，在济州岛北侧。北黄海较浅，平均水深为30米；南黄海较深，平均水深为46米。

黄海的地势北浅南深，西浅东深，其深水区位于中线偏东一侧，为一条轴向近似南北的水下洼地，深度大多为60～80米，是黄海暖流的通道。洼地西坡地势较缓，坡度一般为0.4‰，海底沉积着被黄河、长江自中国大陆搬运而来的粉砂、淤泥及黏土物质。洼地东坡地势较陡，坡度一般为0.7‰，海底沉积主要来自朝鲜山地的砾质物质。

东海海底地貌比渤海、黄海复杂得多。它大体上可分为3个部分：一是东海大陆架，二是台湾海峡，三是东海大陆坡与冲绳海槽。

东海大陆架地貌的一个显著特点，是从长江口水下三角洲向外延伸着一条相当长的水下谷地。谷地在北纬29°，东经125°，水深100米附近稍转向东，进入冲绳海槽。

东海西部的浙闽近岸海区，由于海岸曲折，港湾深邃，岛屿众多，地貌比较复杂。在强潮流的作用下，一些海底受到强烈的冲刷，没有近代泥沙沉积，裸露出基岩。但多数近岸海区，海底仍然有一层沿岸流和海流带来的泥沙所构成的黏土质淤泥，覆盖在砂带上面。

台湾海峡的重要沉积物是砂质沉积，靠近陆岸和岛岸为泥质沉积。砂质沉积中含有大量的软体动物残体和完整的贝壳，并且愈向海含量愈高，台湾浅滩含量达50％以上，这表明这里原先也是古海滨，是大陆不可分割的一部分。

南海是一个广阔而深邃的海洋，海底地势的基本格局是北面、西面和南面浅，东部和中央深；西北面高，东南面低，海盆自边缘向中心部分呈阶梯状下降。

南海北部、海南岛与台湾连线的北侧，是中国大陆沿海的浅水区，水深在200米以内，其中北部湾是一个半封闭的浅海盆，大部分水深在20～50米，最大水深为80米。南海西部大约在东经110°以西，也是水深小于200米的浅水区。南海东部由于分布着海槽和海沟，所以深度大，坡度陡，水深超过5 000米。南海中央部分，西沙、中沙、南沙群岛之间，是一个深度在4 000米以上的深海平原。因此，南海海底可分为3部分，一是大陆架，二是大陆坡，三是深海平原。

岛屿众多，形态婀娜多姿

中国海的岛屿众多，仅我国沿岸就有大大小小的岛屿7 300多个，面积8万多平方千米，约占我国陆地面积的0.8％。这许许多多的岛屿，在我国沿海星罗棋布，把祖国的海疆打扮得更加秀丽。它们当中，绝大部分是面积小于1平方千米的小岛，面积在200平方千米以上的大岛有台湾岛、海南岛、崇明岛、舟山岛、东海岛、平潭岛、长兴岛和东山岛。其中，台湾岛和海南岛的面积在3万平方千米以上，是我国两个最大的岛屿。

按照岛屿形成的原因，可将我国的岛屿分为大陆岛、冲积岛、火山岛和珊瑚岛4类，以大陆岛为最多，占90％以上。

崎岖挺秀的大陆岛——台湾岛

大陆岛原是大陆的一部分，它的地质构造与大陆相似或者有着紧密的联

系。由于地壳运动或者海平面上升，它才与大陆分离开来。台湾岛、海南岛以及紧靠岸边的大部分岛屿，都是大陆岛。

台湾岛是我国第一大岛，位于我国大陆的东南边缘。它的东北面是东海，西南面是南海，东面是浩瀚的太平洋，面积为 35 759 平方千米。

台湾岛原先是和我国大陆连在一起的。在漫长的地质历史时期中，这一带经过好几次激烈的地壳运动，台湾岛也就时升时降，时淹时露。直到距今200万～300万年前，它才形成了现在的模样。此后，海面又几经升降，台湾海峡一再裸露成陆，使台湾岛与大陆又几次相连。在最后一次冰期末期，海面再次上升，台湾海峡又迎进海水，台湾岛才与大陆隔海相望。

台湾岛地势崎岖，群峰挺秀，是一个多山的海岛，山地与丘陵占总面积的60%，而100米以下的平原仅占31%。山脉的走向与大陆东部沿海地区的山脉走向一致，呈东北—西南向，岛的东部是山地，最高峰玉山的海拔为3 950米，西部是肥沃的冲积平原。

台湾岛气候温暖湿润，雨量充沛，长夏无冬，草木终年长青，鲜花四季常开。庄稼一年可以3熟，盛产稻米、甘蔗、茶叶、水果，蕴藏着丰富的水力资源以及丰富的森林资源和金、煤、石油、铜等矿产，真可说是一个"三冬不见霜和雪，四季鲜花常盛开"的美丽宝岛。阿里山区的日月潭，更是著名的风景区。这是一个四周群山环绕着的高山湖泊，面积为4.4平方千米，比杭州的西湖小些。湖面高出海面722米，湖的最大水深为4米。四周林木茂密，山林倒映湖中，湖光山色，分外动人。

台湾不仅岛上资源丰富，近海的水产品也十分繁盛。这里是黑潮流经的海域，又是台湾暖流与沿岸寒流的交汇处，浮游生物丰富，是鱼虾喜欢聚集的场所，既是良好的索饵渔场，又是良好的洄游渔场。鱼类有300～400种，鲷鱼、鲔鱼和鲨鱼是其主要鱼类资源，有台湾三大鱼类之称。还有鲻鱼、旗鱼、鲣鱼也很丰富。此外，还出产鲸、玳瑁、珊瑚和石花菜。台湾西部平原海岸是晒盐的好地方，单位面积产量高，盐质好，色泽好，成本低，是我国重要的海盐产地之

旗鱼

一，也是东亚著名盐场之一。

南海的明珠——海南岛

海南岛是我国第二大岛，面积为 33 556 平方千米，北隔琼州海峡与雷州半岛相望，海峡最窄处仅 18 千米。海南岛原先也是和大陆连在一起的，现在广西的勾漏山，当时一直伸延到岛上，直到第四纪初琼州海峡断层陷落，它才与大陆分离。

海南岛北部和沿海地带分布着冲积平原，南部则为山地。从东南望去，有一座最高峰达 1 867 米的山群，这就是著名的五指山。

为什么叫五指山呢？它像 5 个手指头吗？

传说很久以前，这里原是一块大平原，居住着一对夫妻，男的叫阿立，女的叫邬麦。他们生了 5 个儿子，一家人辛勤地在地里干活。由于没有工具，全家人整天劳动，也只能开垦半亩荒地。一天晚上，阿立做了一个梦，梦见有个白胡子老人站在他的面前，对他说："你们家附近埋着一把宝锄和一把宝剑，你们去挖，这两样东西会帮你们大忙的。"老人还告诉他怎样使用。

第二天一早，阿立把梦中的事告诉家人，他们听得个个都很兴奋，便拼命在茅屋的周围挖呀挖，终于挖出了一把黑油油的宝锄和一把发亮的宝剑。阿立按照白胡子老人的话，高高举起宝剑，叫了一声"砍"，果然，一阵巨响，许多古老的大树都一齐倒地，惊得大伙发了慌。妻子邬麦高高举起宝锄叫一声"挖"，平原上果然变出了一片片良田，全家人乐得哈哈大笑。从此以后，他们一家人的生活过得很幸福。

后来，父亲去世了。他临死时，叫 5 个儿子到跟前，嘱咐他们好好地把这块肥沃的土地管好。父亲死后，5 个儿子遵从父亲的遗嘱，依照母亲的话，在埋葬父亲的时候，把宝剑作为陪葬，同时埋下土里去了。

这个消息传到坏人亚尾的耳朵里，他便偷偷跑去告诉海贼，叫他们派数百人来，杀死了邬麦，把 5 个儿子捉了起来。

亚尾用铁链锁着 5 个儿子，逼他们交出宝剑。但他们无论如何都不肯说出埋宝剑的地方。亚尾发怒了，便用火烤他们。他们流下来的泪水把平原冲成了 5 条溪。他们断气以后，四面八方的熊、豹、白蚁、毒蜂、恶鸟，成群

结队地扑来，把亚尾和海贼统统咬死了，并搬来许多泥土和大岩石，把5个儿子的尸体埋了，堆成一座高高的山。从此以后，人们为了纪念这5个儿子，便把这座山叫做五子山。后来，又因为五子山直竖着，好像5根手指头一样，人们就把它叫做五指山。

海南岛是南海的明珠，它有旖旎、独特的热带风光，富饶珍贵的物产，是祖国又一宝岛。岛上有许多驰名中外的名胜古迹。举世闻名的"天涯海角"，那里南临大海，北倚青山，怪石嶙峋，海涛汹涌。人们说，到了海南岛不游天涯海角，等于到了北京不游万里长城，到了泰山不游玉皇顶，实在可惜。

天涯海角位于海南岛的崖县，这里水天一色，浩渺无垠，海滨沙滩上奇石攒簇，白浪翻飞。数块巨石突兀其间，昂首天外，在其上凿下"天涯"、"海角"、"南天一柱"等字迹，成为海角一绝。还有大东海旁的"鹿回头"，也是海南的一大奇景，这是传说中猎人追鹿至海边，仙鹿回头处。即使是隆冬季节，这里也是温暖如春，尽是郁郁葱葱的椰林和椰林掩映的粉墙红瓦，景色宜人，是避寒的胜地。

"天涯海角"不远的东部海滨山岭，泉深林密，四时花开，春光常驻，人称"世外桃源"，是避暑的胜地。离东山岭不远，便是享有盛名的兴隆温泉。

海南岛不仅是我国开发建设的富饶宝岛，也是我国一大旅游胜地。

我国的鱼仓——舟山群岛

浙江近海的舟山群岛也是一群大陆岛，由600多个岛屿组成，它们是浙东四明山、六合山伸向大陆的余脉，原先也是祖国大陆上的山地，后来海水入侵才成为岛屿。岛屿面积达1 200多平方千米，是我国最大的一个群岛。其中舟山岛最大，面积为524平方千米，是我国第四大岛。另外，岱山、六横岛、金塘岛、大衢山、桃花岛也是我国比较大的岛屿。

舟山群岛是长江、钱塘江、甬江的门户，是上海、杭州、宁波的天然屏障，地理位置十分重要。由于岛屿众多，地形复杂，

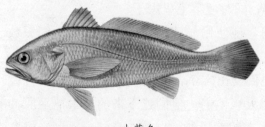

小黄鱼

故海洋水文状况十分多样，对钱塘江河口区河床形态、泥沙运动和潮流特征都有重要影响。

舟山群岛海域渔业资源丰富，是我国最大的近海渔场，有祖国"鱼仓"之称，它与俄罗斯的千岛渔场、加拿大的纽芬兰渔场、秘鲁的秘鲁渔场齐名。

带鱼

舟山渔场水产资源丰富，共有鱼类 365 种，以大黄鱼、小黄鱼、带鱼和墨鱼（乌贼）为主要渔产。

为保护东海带鱼等主要经济鱼类资源，农业部早在 2008 年 12 月，就公布了东海带鱼国家级水产种质资源保护区。该保护区位于浙江沿岸中北部海域，跨舟山渔场和鱼山渔场，总面积约为 2.2 万平方千米，不仅是我国沿海最大的水产种质资源保护区之一，也是东海带鱼最重要的产卵场、索饵场和洄游通道等主要的生长繁育区域，保护区的设立可以恢复带鱼等重要的栖息环境，对维护东海区的海洋生态平衡，促进东海区渔业可持续发展具有重要意义。最近几年，国家又出台禁渔期，这是保护渔业资源的又一重要措施。

自 2011 年以来，舟山渔场进行了大规模的增殖放流，鱼苗中包括真鲷、大黄鱼、梭子蟹、条石鲷和乌贼幼苗等品种。

从无到有的冲积岛

冲积岛是由江河泥沙在河口堆积而形成的岛屿。

长江口的崇明岛、长兴岛和横沙岛是最有名的冲积岛。珠江、辽河、滦河、韩江以及台湾西岸的浊水溪、曾文溪等河口也都有冲积岛。

崇明岛地处长江口，面积为 1 083 平方千米，海拔为 3.5～4.5 米，是中国第三大岛，被誉为"长江门户、东海瀛洲"，是世界上最大的河口冲积岛，世界上最大的沙岛。崇明岛成陆已有 1 300 多年历史，全岛地势平坦，土地肥沃，林木茂盛，物产富饶，是有名的鱼米之乡。

崇明岛是长江带入海中的泥沙，遇到海潮的顶托在江面堆积而成的。公元 7 世纪以前，这里还是一片茫茫江海。公元 7 世纪时，这里开始出现两个

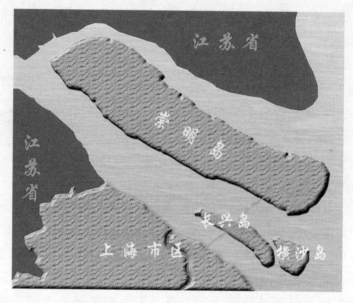

崇明岛

露出水面的沙洲。后来又几经沧桑，沙洲时坍时涨，此起彼伏，总的趋势是不断东移扩大。到 16 世纪，明朝嘉靖年间，才初步形成了现在的模样。但此后崇明岛并没有完全固定下来，由于水流的冲刷，它南坍北涨，位置游移不定。直到新中国成立后，开展了大规模的防水治坍，先后筑起了 200 多千米的环岛大堤和许多丁字坝，才有力地阻挡了江海的侵袭。对淤涨起来的滩地，又进行了围垦，使岛的面积增加了许多。

崇明岛东面的江面上，还有两个冲积岛，这就是横沙岛和长兴岛。这两个岛的出世比崇明岛晚得多。仅 100 多年前，这里还只不过是几块分散的浅滩沙洲，新中国成立后，才将鸭窝沙、潘家沙、圆圆沙以及石头沙等几个沙洲连圩筑坝，把它们连接起来，于是形成了长兴岛。

珠江口的冲积岛有的是从江心滩发展起来的，有的则是因岩岛横阻产生河流汊道，泥沙在岛屿背风侧缓流区沉积的沙坝不断扩大形成的。现在的珠江三角洲就是无数这样的沙洲扩大合并形成。眼下三角洲外围的沙岛仍在不断扩大。

台湾西岸的一些冲积岛，是由河口沙嘴发展起来的与海岸平行的沙洲。台湾的河流由于面积的限制，流程都很短，最长的浊水溪也不过 170 千米，但水势湍急，侵蚀力很强，输沙量很大。浊水溪就是因其含沙量多，致使河水常年混浊不清呈灰黑色而得名。因此，一些河口地区因含沙量多而容易形成沙嘴。浊水溪、曾文溪三角洲的三列沙岛最为典型。

广东东部的韩江，河北东北部的滦河，辽宁西部的辽河，都有冲积岛。

美丽富饶的珊瑚岛

珊瑚岛是由珊瑚虫的遗骸堆积起来的岛屿。南海上我国的珊瑚岛、暗礁、暗沙很多，共有200多个。根据地理位置将其分成东沙群岛、西沙群岛、中沙群岛和南沙群岛，总称南海诸岛。

东沙群岛位于南海东北部，主要由东沙岛及南卫礁、北卫礁组成。以东沙岛最大，面积约2平方千米。因形如新月，当地渔民称之为月牙岛。岛上生长着茂密的热带林木和高草丛；周围海域有海参、海胆、海星、贝类和海人草等水产资源。

西沙群岛位于南海的中西部，海南岛的东南方，由30多个岛、礁、滩组成。各岛上普遍生长着棕榈、椰子、木瓜、香蕉、菠萝等热带植物。周围海域又有丰富的水产资源。每到渔汛，广东沿海的渔船云集于此，捕捞海龟、海参、金枪鱼、红鱼、马鲛鱼、石斑鱼，呈一片繁忙的景象。

金枪鱼

西沙的海鸟尤为引人注目。红脚鲣鸟是西沙最多的一种海鸟，它们白天成群飞经海上寻找食物，晚上回到岛上过夜。当大群红脚鲣鸟飞落下来时，翠绿的树林顿时一片白色。它们吃着富含蛋白质的鱼类，排泄出肥性很高的磷肥，带来岛上厚厚的鸟粪层。如永兴岛几乎全部为鸟粪所覆盖，而且藏量十分丰富，是一种很有价值的资源。

中沙群岛位于南海的中部，是一群淹没在水中的珊瑚礁、滩，有好几十个，在海面下10~25米。由于水下衬托着珊瑚礁，因而这一带的海水看上去微微发绿，与南海其他海域的深蓝色不尽相同。

南沙群岛是我国南海诸岛中分布范围最广，岛、礁、滩、沙数目最多和

红脚鲣鸟

位置最南的群岛。共有大小岛、礁、滩、沙两百余个，分布范围南北长近4千米，东西宽700多千米。其中，曾母暗沙位于北纬4°附近，是我国最南的领土。

南海诸岛是美丽的岛，富饶的岛，白玉般的海滩，在阳光下闪着洁白的光辉，宽阔的礁盘在碧波中时隐时现，给祖国的海疆增添了特殊的美。岛上的热带林木，海中的水产资源，海底的丰富石油，地下的鸟粪，都是宝贵的资源。尤其是海底油气，更是吸人眼球。它有含油气构造两百多个，油气田近两百个。经初步估计，整个南海的石油地质储量在230亿～300亿吨，约占中国油气总资源量的三分之一，有"第二个波斯湾"之称。

绿岛小夜曲与蝴蝶兰

> 这绿岛像一只船
>
> 在月夜里摇呀摇
>
> ⋯⋯ ⋯⋯
>
> 椰子树的长影
>
> 掩不住我的情意
>
> 明媚的月光更照亮了我的心

这是一首流行歌曲，叫做《绿岛小夜曲》，恐怕是许多人都会哼唱的。可是你知道歌中所说的绿岛在什么地方吗？

这个绿岛呀，就是我国台湾省的一个小小的岛屿，它与南面的小岛兰屿一起，孤零零地躺在台湾东南方的太平洋里，一直以来，很少为人所知。然而它们却是风光独特的两个由火山岩组成的火山岛。

绿岛位于台东县东南方约33千米处，岛形呈不等边四角形，南北长约4千米，东西宽约3千米，总面积约16平方千米。它的地形主要由丘陵地组成，最高的火烧山海拔为 281 米。由于绿岛恰好位于热带气候的北限，因此拥有丰富的热带雨林和珊瑚礁生态，四周海岸线布满裙状珊瑚礁。火山岩、海底火山喷发的岩浆和原有的沉积岩，构成了绿岛的山坡，表土较浅，仅在台地平原上有较厚的深红土壤和灰化红黄壤，这是相当特别的地质构造。

绿岛是一座死火山岛，岛上岩石呈赭色。最高峰为火烧山，海拔281 米，丘陵之中有火山口遗址。在绿岛的南端有一个神奇的咸水温泉——旭温泉，它是世界上两个海水温泉之一，水温一般在 40℃ 左右。每当涨潮时即被淹没，而落潮时又重新出现。这也是吸引游客的一个重要原因。

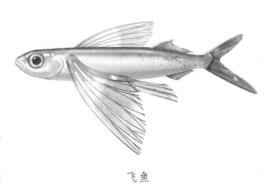

飞鱼

绿岛近海的渔业资源相当丰富，这是因为这里有巨大的暖流经过，形成了一个天然的渔场，盛产鲣、鲭、鲤、鳗、大龙虾、大目鱼、飞鱼等鱼种。岛东的南寮湾是绿岛的门户，也是重要的渔港。此外，养鹿业亦是绿岛居民的另一大经济支柱。

对许多大陆人来讲，绿岛之名最早也许是从《绿岛小夜曲》中知道的。优美的旋律和歌词，也像美丽的绿岛一样叫人陶醉。那么，究竟绿岛的月光夜色有多么美妙迷人，只有留给读者自己去想象了。

绿岛离台东湾甚近，乘船行驶 18 海里（约 33.3 千米）便可到达。现在绿岛上建有小型飞机场，游人也可搭乘飞机前往绿岛。

绿岛南面的兰屿，也是一个火山岛，因岛上安山岩含大量硫化铁而呈赤红色，远望如红色人头，故旧称红头屿。长期以来，它是一个基本上与外界隔绝的小岛。它的面积为 45 平方千米，岛上住的几乎全是台湾高山族系的亚美族人，有两千多人。

虽然这里与世隔绝，却被人誉为"太平洋上的乐园"。因为这里有金色和白色两种蝴蝶兰，花形恰似蝴蝶，风一吹，兰花摆动，仿佛彩蝶飞舞，非常艳丽，在国际比赛中荣获冠军。正因为如此，才将名字改作"兰屿"。

岛上还有一种蝴蝶，叫"金凤蝶"。它在阳光下飞舞时金光闪闪，灿烂夺

蝴蝶兰

目，是世界上最稀有、最珍贵的蝴蝶。

岛上更有一片青葱的原始森林，加上有名的蝴蝶兰和金凤蝶，在浓蓝色的大海的衬托下，的确有一派独特的自然美。

现在，台湾的兰屿与福建厦门的鼓浪屿、浙江温州的江心屿、福建东山县的东门屿并称"中国四大名屿"。

渤海边东临碣石观沧海

沧海桑田的变迁

我国古代晋朝有个叫葛洪的人，他在一篇著作《神仙传·麻姑》中写道："麻姑自说云，接侍以来，已见东海三为桑田。"意思是说，麻姑见东海曾经三次由海洋变为陆地，陆地变为海洋。葛洪的笔下，这是神仙说的话，也许不足为凭，但从地质科学来说，的确有凭有据，证明海洋和陆地是可以互相转换的。某一地质时代的海洋，现在可能已成为陆地；而某一时期的陆地，或许已是海洋。当然，这是从地质年代来说的，这种变迁少则几万年、几十万年，多则几百万年、几千万年甚至上亿年。

那么，我国的渤海、黄海、东海、南海，是不是也有这样的变迁呢？下面，我们透过历史的隧道，来窥测一番它们的身世吧。

有一首流行歌曲，曾经风靡一时。歌中唱道：

月落乌啼已是千年的风霜

涛声依旧不见当初的夜晚

今天的你我怎样重复昨天的故事

这一张旧船票能否登上你的客船

是的，一对久别重逢的恋人，究竟能不能重复往事，能否再登上对方的客船，这是人间常发生的情感纠葛，别人无法揣测。不过，浩瀚的大海也有类似人间离合的故事，它却是可以透过智慧的眼睛加以管窥。这篇叙述就如同一张旧船票，让我们一起登上海洋的客船，去体验月落乌啼的千年风霜，寻找当初涛声依旧的夜晚，重复海洋昨天的故事吧。

在我国大陆的东边，从辽宁到福建，有一片苍茫的大海，它们日夜守卫着祖国的东南疆土，亲吻着大陆的身躯，这就是渤海、黄海和东海。

自古以来，渤海无边的浩瀚，滔滔的洪波，竦峙的岛屿，在其中升起的日月，感动了无数文人墨客，也激起了三国枭雄曹孟德的诗兴。于是，曹操伫立在辽宁省绥中县西南的碣石岸边，吟诵起那首恢宏大气的《观沧海》：

东临碣石，以观沧海。
水何澹澹，山岛竦峙。
树木丛生，百草丰茂。
秋风萧瑟，洪波涌起。
日月之行，若出其中。
星汉灿烂，若出其里。
幸甚至哉，歌以咏志。

一千多年以后，伟人毛泽东在碣石不远处的北戴河海滨，击水滔天白浪的渤海，也诗兴勃发，写下了著名的《浪淘沙·北戴河》：

大雨落幽燕，
白浪滔天，
秦皇岛外打鱼船。
一片汪洋都不见，
知向谁边？

往事越千年，
魏武挥鞭，
东临碣石有遗篇。
萧瑟秋风今又是，
换了人间。

是的，千百万年来，渤海经历无数沧桑巨变，如今，它换了人间。

大陆渤海自古休戚与共

面积7.7万平方千米的渤海是我国的内海。它像一个斜置的葫芦，头枕东北平原，坐落在华北平原之滨；辽宁在它的东北方，河北在它的西北面，山东是它的南邻；长65千米的庙岛群岛，像一串长长的链条，构成了它的天然东栅。它仿佛被巨蟹的一对大螯——辽东半岛与山东半岛所环抱，仅留下渤海海峡中的几个水道与外海相通，造成了几近封闭之海的大势。这种伸入大陆的态势，加之水深很浅，平均深度仅18米，故而在许多方面与大陆休戚与共。

大陆上的黄河、海河、辽河和滦河等江河大川，夜以继日地把营养丰富的泥沙水向渤海倾泻，滋润着水中生命，使其成为生物产卵繁殖的理想场所；而巨量的泥沙，又会在沿岸及海底堆积，重塑渤海的容颜；浑浊的江河泥沙水还会改变渤海的颜色，变得绚丽多姿，使河口近岸一带成为暗黄，使离岸稍远处黄中带绿，而在中心海域则变得一片翠绿。

陆地的拥抱，还使渤海难以保持冬暖夏凉的海洋气候特色。冬季，许多沿岸会结冰，冰块在风浪和急流的冲击下，又会向远岸扩散，带来大片茫茫冰海的壮观；而在夏季，渤海的水温又会迅速升高，形成冬夏明显的冷暖。

渤海与大陆这种千丝万缕的联系，不仅在现代能够明显感知，遥远的古代风情也留下了清晰的印记。

渤海沧桑从来没有停息

远在两亿多年前地质史上的中生代，渤海及其周围地区原是一片连绵不断的陆地。葱茏茂密的原始森林，森林中出没无常的野兽，树枝间欢腾雀跃的鸟儿，给这块陆地带来了许多欢乐的气息。后来，地壳活动增强，这里显示了沉降态势，出现洼陷的盆地。江河大川的汇集，使盆地变成一汪盛满淡水的湖泊——渤海湖。从此，野兽的吼叫停息了，鸟儿的歌声沉寂了，呈现出来的是一个鱼虾遨游、水草丛生的生机勃勃的淡水生物王国。

但是，渤海地区的沉降并未停止。在距今7 000万～240万年前的新生代第三纪，沉降运动突然加剧，致使原来连成一片的山东半岛和辽东半岛的中部也陷落下去，形成今天所见到的渤海海峡，而残留下来的几处高地，就是今天的庙岛群岛，渤海也因此迎进了海水，变为名副其实的海洋。

渤海的沧桑固然受到地质构造因素的控制，与全球性的海平面升降更有直接的关联。特别是地质史上的第四纪（约 240 万年前）以来，由于全球气候冷暖频繁交替，冰川时进时退，海平面时降时升，因而渤海的海底便时而出露，时而淹没，带来复杂的沧桑巨变。这种变化虽然无法直接看到，通过地层中的化石，仍然能够见其端倪。

在距今 4 万年前后，气候转暖，海平面又开始上升，渤海重新回到海洋的怀抱。这种状况持续了大约 1 万年。在距今 3 万年时，全球气候再次变冷，海平面再一次下降。

这是一次极其寒冷的时期，被称为大理冰期的最盛期。许多原来温暖的地方也呈现出冰封雪飘的景象，海平面下降达 150 多米，整个渤海全部裸露成陆。直至距今 1.2 万年，寒冷才缓和下来，进入冰后期。冰雪渐渐融化，海平面不断上升，海水又入侵渤海。在距今 7 700～5 000 年间，海平面升到了空前的地步，比现在的海面高出 5～10 米。渤海的范围比现在大了许多。现在的渤海沿岸，都是鱼虾遨游的地方，海岸线扩展到今天的昌黎、文安、任丘、献县、德州、济南一线。此后，海平面又有所

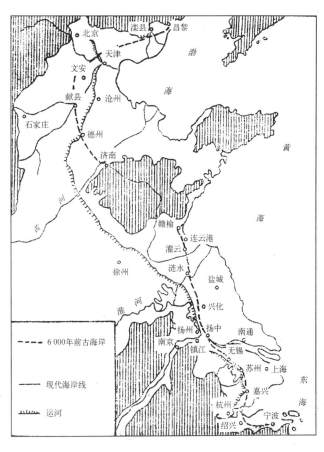

冰后期海侵极盛时期海岸线

降低，大约降低了 5 米，于是，沿海一些地区又成为陆地。

海洋和陆地就是这样苍黄反复，变化无常，一会儿海枯陆出，一会儿碧浪排空；一会儿百草竞发，一会儿鱼翔浅底。直到 2 500 年前，渤海的面貌才基本稳定下来，展现出我们今天所见到的模样。

渤海诞生后，仍然没有脱离与大陆的联系。它的气候状况、水文特征、生活在水中的各种生物甚至沧桑变迁，无不与大陆息息相关。可以毫不夸张地说，渤海是在大陆环境中土生土长出来的海洋，至今仍享受着大陆的恩泽，与大陆息息相连，命运攸关。

黄海上一衣带水话古今

越过渤海海峡往东再往南去，半封闭的黄海就会呈现在眼前。这是一个比渤海大而深的海域，面积为 42 万平方千米，平均深度为 44 米，位于我国山东半岛、苏北平原与朝鲜半岛之间，南面是浩荡的东海。它与东海的分界线为长江口北岸至济州岛西南角的连线。

黄海的形态虽然比渤海开阔，南面又与东海畅通无阻，但它仍然在很大程度上处在陆地的环抱中，无论气候状况还是水文特性，也无论水中生物还是沧桑变迁，都与大陆息息相关。

远在六七千万年前，黄海地区还是一片辽阔的陆地，后来地壳断裂，陆地下陷，这里就成为一个盆地——古黄海盆地。迎入淡水后，一个巨大的淡水湖泊——黄海湖便出现了。它与渤海湖南北呼应，为鱼虾水草带来另一个栖身的天堂。而湖周茂盛的草木，湖中的点点岛屿，水陆交界处的悬崖峭壁，则构成了一幅大自然的美丽风光。

此后随着海进海退，黄海地区也与渤海地区一样，时而海枯陆出，时而碧波荡漾。

在距今 3 万～1.2 万年间，大理冰期使黄海的海面下降 150 米，本来不足 100 米深的黄海全部裸露成陆，就连东海的大部分海底，也重见天日。朝鲜海峡干涸了，对马海峡消失了，中国大陆与日本列岛之间的一汪碧水，成了坦荡通衢；渤海、黄海和东海北部的惊涛骇浪，如今成了萋萋芳草，莽莽平原。古黄河和古长江通过众多支流汊道相互沟通，使整个平原变得水网交织，河道纵横，一派水乡泽国的江南风貌。

当时的气候十分寒冷，黄海地区的气温平均下降了 7～8℃。于是，猛犸象、披毛犀以及大角鹿、野驴、野马、羚羊、原始牛等便从我国的东北、华北地区向南迁徙，来到辽阔的平原上追逐嬉戏，给平原带来了勃勃生机。这些动物为了觅食，成群结队向南进发，沿着黄海大平原和南面的东海大平原，游荡到日本列岛。如今，在虎皮礁附近采集到的北方原始牛的下颚骨，在日本男女群岛一带采集到的猛

猛犸象

犸象的牙齿，以及从日本列岛找到的与我国东北猛犸象相似的动物化石，都使我们清晰地见到了月落乌啼的千年风霜，听到了当年那个夜晚的涛声。

此时，我们的原始祖先正在使用细石器艰难地生活，大片的海洋裸露成陆，为他们的生活提供了更加广阔的场所。此时，居住在我国华北地区的古人类，带着弓箭、尖矛等工具，来到大平原上追捕狩猎。他们沿着猛犸象、披毛犀的足迹四处迁徙，终于穿过渤海、黄海大平原和东海大平原，越过干涸的朝鲜海峡和对马海峡，登上了日本列岛。

这是第一批来到日本的我国华北原始人，他们开拓了第一条中日友谊之路，把中国的细石器文化传播到了日本，在中日文化交流史上谱写了一首辉煌的序曲。

在距今 1.2 万年前，大理冰期最盛期结束了，气候迅速回暖，海平面也迅速上升。渤海、黄海、东海大平原迎进海水，于是，这三个海区又碧波荡漾，连成一片，中日之间的陆上通衢被切断了，从此，两国成为一衣带水的邻邦。

历史的画面再一次映出了当年的海洋风情，它告诉我们，黄海也像渤海一样，是从大陆脱胎而出的海洋。在海退陆出时，它与中国大陆一脉相传，连绵不断；脱离大陆怀抱后，它仍然没有割断与大陆的联系。江河源源不断地把大陆的泥沙和营养物质带入海中，充填它的海底，滋润着水中

生物，它是一个与中华大地紧密相连的海洋，一个夹在大陆与半岛之间的半封闭海洋。

东海中涛声依旧忆长江

凭着这张旧船票，我们乘船从黄海再向南去，一个真正开阔的边缘海就会呈现在眼前，这就是面积为77万平方千米、平均深度为370米、最大深度达2 780米的浩荡绚丽的东海。

东海北面与黄海连成一体，东北面以济州岛、五岛列岛、长山崎一线为界，并经对马海峡与日本海相连；东面和南面以日本九州岛和琉球群岛与太平洋隔开；西南面以我国台湾省和台湾海峡与南海分界。

东海色泽绚丽，风光秀美。在它的东南部，巨大的黑潮暖流从太平洋奔腾而入，沿着琉球群岛的西北侧蜿蜒而上，仿佛给东海缀饰着一条深蓝色的彩带。这种色彩是黑潮水特有的象征，它温度特高，盐度特大，水质十分贫瘠，生物极其稀少，故而显出了蓝黑色的外貌，并赢得了黑潮的称号。

在东海的西北部，滚滚长江从大陆倾泻而来，把混浊的泥沙水向海中尽情地扩展，又仿佛给东海戴上一顶黄色的桂冠。

在东海中央海域，即是黑潮余脉所及之地，长江泥沙又能微施影响，因而颜色一片青绿，恰似东海披上的一件绿色外衣。

东海福建沿岸，因有大量河水流入，颜色绿中带黄，犹如绿色外衣上的镶边。

这缤纷的色彩，把东海打扮得异常艳丽；散布在海面上的成百上千的岛屿，曲折的海岸，高耸的悬岩，更把它装点得分外妖娆。这一切，都在向人们诉说着它与大陆仍然有着密切联系的历史，展现远古时代的海洋风情。

事实的确如此。东海水深流急，地形开阔，面积宽广，但它有三分之二的面积位于大陆架上，只有东南部黑潮区域才是深于200米的深海。

就在大理冰期最盛、海平面下降150米的时期，渤海、黄海都已裸露成陆，东海大部分也投入陆地的怀抱。海水退到东南一隅，东海几乎完全蜷缩到狭窄的冲绳海槽中，失去了它那浩瀚的雄姿。冰期后期气候回暖，海平面上升，东海才又恢复了它的海洋面貌。可见，东海的沧桑巨变如同渤海、黄海一样频繁、强烈，在水枯陆出时，长江留下的痕迹仍然会使人勾起对那段桑田沃野、水网纵横历史的回忆。

还记得在黄海平原上奔驰怒吼的古黄河、古长江吗？它们横过黄海大平原，在济州岛附近合拢来，然后绕个大弯向东南倾泻，在东海平原上浩浩荡荡地进发，注入东海冲绳海槽中。滚滚黄河、长江一面向前推进，一面把大陆的巨量泥沙在黄海、东海原野上堆积，形成庞大的古三角洲和一系列沟谷。如今虽然它们都已沦为海底，逐渐模糊起来，但通过精密的水深测量和底质分析，仍然能够辨认出它们的轮廓。如今，黄河与长江的涛声依旧，只是不见当初在海底的蜿蜒，找不到当时与今迥异的海岸线。

渤海、黄海和东海的大陆架部分，都是现代大陆架浅海，而这片广阔的大陆架则主要是由中国大陆的泥沙堆积而成的，是泥沙填充了沉降盆地而成为大陆架浅海的。当内侧的盆地被泥沙填满后，盆地外缘的高地就失去了堤坝的作用，泥沙则越过高地向前堆积，于是大陆架范围不断发展。就在 1.2 万年前大理冰期结束，气候转暖，海面上升时，它们就开始从莽莽平原向着浩瀚的大海迈进。而在距今 7 500～5 500 年期间的冰期后期最温暖的日子里，东海的海面也和黄海一样，比现在要高出 5～10 米。后来，气候又稍稍返冷，海面又下降了 5 米左右，东海沿岸也留下了海

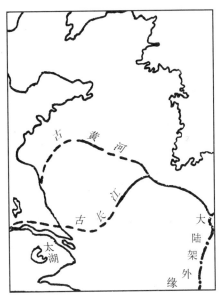

沉入海底的古长江、古黄河

蚀阶地和许多被海水淹没的痕迹。从 2 500 年前到现在，气候又变得温暖湿润，海面又微微上升，东海的面积又稍有扩大。但总的来说，两三千年以来，海面变化幅度不大，基本上相对稳定。

现在，渤海、黄海和东海连成一体了，但它们有着同样的变迁历史，它们与大陆的联系依然紧密，不会恩断义绝，月落乌啼的千年风霜也不会消融，那个夜晚的涛声依旧会不断响起。因此，海洋学家将它们合称为"东中国海"。

南海是海上丝路友谊之海

南海是一个友谊的海洋。早在三国时代，吴国的孙权就曾派使节在南海上航行，到南洋群岛诸国访问。到了唐代，一条从广州出发、跨过浩渺的南海向西进发的航路，把我国南海沿海与遥远的印度洋沿岸、红海之滨、地中海东岸联系起来，被人们誉为"海上丝绸之路"。

距今 600 多年前，明代郑和七下西洋，多次在南海上驰骋，把中国人民的友谊传播到四面八方。如今，南海及其沿岸的许多地方，都能见到纪念郑和的遗迹。

可见，南海处处留下了郑和的足迹，南海处处散布着中国人民的友谊，它是一个名副其实的友谊海洋。

南海还是一个深邃的海洋，它的中央是一个巨大的盆状洼地，3 600 米以上的深水区域占据了不小的比例，但它四周的大陆架仍有相当的规模。它的北面、西面和南面大陆架宽度为几十千米到几百千米。尤其是它的两个海湾，西北部的北部湾和西部的暹罗湾全部位于大陆架上，仅东部的大陆架狭小，只有几千米，宽的也不过 70~80 千米。

因此，在全球多变的气候中，南海仍然有着一幅沧桑的图景。在冰期到来时，它的大陆架区域仍然能够重新回到大陆的怀抱，而其他较深的区域就难以水枯陆出了。这仿佛在告诉我们，南海不像渤海、黄海和大部分东海那样年轻，那样和大陆息息相连，它可以说是一个典型的海洋世家了。

尽管如此，南海上星罗棋布的岛屿，仍然与中国有着不解的情结。南海上的东沙、中沙、西沙和南沙四大群岛，是中国在南海的明珠，它们是中国人最早发现、最早开发、最早施行管辖和行使主权的岛屿。

中国海的冷暖风云雨雾

凛冽的冷空气

冷空气的活动在天气变化中起着十分重要的作用，我国大陆和近海冬季的天气过程，粗略地讲就是一次次冷空气活动的过程。

什么是冷空气？从地面系统来看，一次冷空气往往表现为一次强大的高压从北方大陆生成后向南侵袭、入海并受海洋热力影响逐渐改变性质的过程。当冷空气南侵时，会出现大风降温现象。当冷空气的前锋到达江南和海洋上空时，与那里的暖湿空气交汇，会出现大片雨区。尤其是当冷空气前锋经过海上时，海上大风更为猛烈，风力往往达到9～10级，有时可达11～12级，对海上生产和交通产生巨大的影响。

　　强烈的冷空气活动叫寒潮。寒潮侵袭时，会带来剧烈的降温、大风雪和大浪、大风暴潮等恶劣的气象海况，造成某些近岸海域结冰的现象。中央气象局规定："凡24小时内温度下降10℃以上，最低温度达5℃以下者叫做寒潮。"我国大陆和近海每年冬季冷空气活动约20～30次，但达到寒潮标准的为数不多，仅几次。这个寒潮标准是就全国范围来说的，在南海，能够达到这个标准的冷空气十分罕见，因此，只满足上述两个条件中的一个就可以了，或者24小时降温10℃，或者气温降到5℃以下，就算寒潮了。

　　冷空气过境时带来的激烈天气变化一般持续1天左右，最长达3天。冷锋过后，某地就完全进入冷高压的势力范围，虽然这时气温较低，但激烈的天气变化却停止了，接着而来的是冷高压内部的晴朗、微风的好天气。

　　冷空气从海面向南推进时，由于受到海面温湿作用的影响，要不断变暖，水汽也越来越多，加上又有暖空气的阻挡，冷空气将发生变性，即逐渐减弱冷空气的特性，直至完全消失。不难想象，中国海受冷空气的影响次数自北向南逐渐减少，强度也自北向南逐渐减弱。一般来说，我国近海冷空气的平均周期为5～7天，也就是说5～7天有一次冷空气的影响。

　　冷空气活动是中国海冬季的主要天气变化。每年自9月起，冷空气就开始影响北部海区。随着隆冬的接近，冷空气影响范围越来越南，强度也越来越强。隆冬过后，冷空气的影响也就开始减小。

　　从历史上的平均情况来看，影响中国海的冷空气，渤海和黄海每年有48次，东海有42.3次，南海北部有33.3次。可见，受冷空气影响次数的确是由北向南减少的，渤海、黄海最多，东海次之，南海最少。

　　冷空气活动逐年而变，相差较大，那么，它们的年变化有没有规律呢？它们大致有11年左右的周期，就是说，每过大约11年，冷空气活动的情况将重复出现。当然，这种重复只不过大体相似而已。

破坏力极大的台风

台风是热带海洋上产生的气旋，所以也叫热带气旋。它是一团急速旋转的暖湿空气大涡旋，带来狂风、暴雨、巨浪、大潮，具有很大的破坏力，严重地威胁着人民生命财产和海上作业、海上航行的安全，是一种危害极大的灾害性天气。如1922年8月2日，我国广东汕头遭到一次强烈的台风影响，台风引起海水上涨，整个汕头市一片汪洋，死亡61 000多人，财产损失达7 000万银元。加上台风后瘟疫流行，有些地方简直成了无人区。再如第二次世界大战期间，美国第3舰队在海上突然遭到台风袭击，死亡800多人，毁掉飞机146架，损失惨重。1934年7月19日，我国台湾省高雄市遭台风袭击，暴雨成灾，12小时雨量竟达1 127毫米，相当于上海一年的降水量，大片良田被淹，灾情十分严重。

2009年8月8日，强台风莫拉克在我国台湾花莲登陆，带来台湾世纪大洪水，造成124人丧生，56人失踪，45人受伤，1 766户房屋损毁，损失高达2 000亿元新台币。

虽然台风的破坏性很强，但也不是百害而无一利。在久旱酷热地区，一场台风常能解旱消暑。所以沿海一些干旱地区的人们，常常会产生一种既怕台风又盼台风的矛盾心情。秋季的台风，可使华南地区水库增加蓄水，以利冬春灌溉和水库养鱼。

虽然太平洋上每年生成的台风不少，但在我国大陆和台湾岛、海南岛登陆的台风，数量却很有限，平均每年6~7个，最多12个，最少只有3个，而且集中在7~9月。这些登陆的台风，大约有35%在汕头以南，50%在汕头与温州之间，15%在温州以北。一般5月在汕头以南登陆，6月扩展到温州以南，7月在温州以北登陆的个数增多，8月登陆范围最广，南至广东、广西，北至辽东半岛，都有可能，10月以后，登陆我国的台风就十分稀少了。登陆我国最早的台风在5月初，最晚在11月下旬。

从以上的统计数字可以看出，台风对南海的影响最大，东海次之，黄海更少，渤海基本上没有什么台风的影响。

南海台风是指在南海产生的台风。它可以是南海本身的热带低压发展起来的，也可以是太平洋洋区移来的热带低压发展起来的。南海台风有它的特殊性，所以有必要作些介绍。

南海台风一般出现在 4～12 月，6～10 月活动频繁，而以 8、9 月最为集中。

南海台风发生最多的地方是北纬 12°～20°，东经 112°～120°的南海中部偏东海域，北部湾和我国华南沿海以及北纬 10°以南的南海南部海域很少有台风形成。

南海台风范围较小，半径一般为 300～500 千米；垂直高度较低，约 6～8 千米，最高可达 10 千米；强度较弱，最大风速极值为 50 米/秒。南海台风虽不是很强，但发展很快，稍不注意，就会引起错报或漏报，因而招致很大的损失；而且还会出现所谓的"空心台风"，即外围风力比中心附近风力大，这一点也是很特殊的。

南海台风移动路径大致上也有 3 类。第一类是正抛物线形，呈顺时针方向移动，多在广东东部沿海登陆或移入台湾海峡；此类路径多发生在 5～6 月。第二类为倒抛物线形，即沿逆时针方向移动，在广东西部或广西沿岸登陆；此类路径多见于 7～8 月。第三类为西行路径，即在海南岛一带或越南沿岸登陆，此类路径在台风季节常可见到。

雾海茫茫

海雾是一种与冷空气、气旋和台风都不相同的天气现象，它既没有浩大的声势，也没有狂暴的风雨，更掀不起滔天的巨浪，它静静而来，悄悄而去，但它带来的灾害比起上述 3 种来有过之而无不及。不知有多少航船在茫茫雾海中飞来横祸，或触及暗礁，或相互碰撞，或登上浅滩。因此，表面上看来它无声无息，其实它也是一种灾害性天气。

什么是雾？雾是海面或地面附近的大气层中的水汽凝结，变成微小的水滴或冰晶，使水平能见度小于 1 千米的天气现象。海洋上的雾叫海雾。当雾升离地面浮至空中时，看上去就是云，两者没有什么本质区别，只是高度不同罢了。

形成雾的根本原因，是大气中的水汽含量超过了其所能容纳的最大限度。当这种情况出现，在有凝结核存在的前提下，水汽就会凝结成小水滴，如果温度很低，就会凝结成冰晶，这样，雾就形成了。换句话说，雾是大气中的

水汽超过饱和量而凝成的。

　　暖湿空气从冷海面流过，受到冷海面的冷却作用，逐渐丧失热量，温度下降，水汽含量容易达到饱和，常常形成雾。这种方式形成的雾叫平流雾。海洋上的雾绝大多数是平流雾，平流雾简直可以看做海雾的代名词。但在少数情况下，海洋上也可以出现蒸汽雾和雨雾。

　　海雾以平流雾为主，而平流雾是暖湿空气流过冷海面形成的，所以，中国海的雾与冷暖空气的活动以及海流的消长有密切关系。

　　每年入冬以后，沿岸江河中的淡水在偏北季风吹刮下，形成寒冷的沿岸流。春季来临时，暖空气开始出现，于是，各海区便先后出现平流雾。福建北部和浙江沿海3～6月为雾季，月雾日8～18天；黄海南部的雾季为4～7月，月雾日在10天以上；黄海北部雾季为5～8月，月雾日在10天以上。渤海深入大陆，水温变化受大陆影响很大，夏季沿岸水温很高，故不易形成雾，因而渤海没有明显的雾季，月雾日不超过1～2天，全年不足10天。

　　中国海雾季这种南早北晚的特点，是冷暖空气的消长以及沿岸流的盛衰造成的。

　　中国海雾的第二个特点，是雾的范围南窄北宽。这是沿岸流的流幅南窄北宽的缘故。

　　中国海雾的第三个特点，是雾日南少北多。但最北端的渤海反而很少有雾。

海洋咽喉话海峡

海峡是海洋的咽喉

陆地和岛屿把海洋分隔开来，而海峡又将它们联系在一起，所以，海峡就成为沟通两个相邻海区的纽带，成为航运的重要通道，海洋的咽喉。

海峡的地形通常比较狭窄，因而其中水流湍急，而且常常会出现不同方向的水流，从而使得海水的温度、盐度等水文要素在水平和垂直方向变化较大。在这里，细小的沉积物无法停留，它的底部主要铺垫着岩石和砂砾。

海洋里大大小小的海峡很多，比较重要的有 36 条。不少海峡是航运的通道，交通十分繁忙，战略地位也很重要。如渤海海峡、台湾海峡、马六甲海峡、英吉利海峡以及直布罗陀海峡等，都是航运繁忙的著名海峡。而白令海峡、巴士海峡则逐渐受到人们的重视，其重要性有望日渐提高。

渤海海峡连接渤海与黄海，是渤海内外海运交通的唯一通道，是名副其实的渤海的咽喉。

台湾海峡连接东海与南海，是我国沿海航道的要道，也是亚洲与欧洲国际航运的必经之道，战略地位十分重要。

马六甲海峡位于马来西亚与印度尼西亚的苏门答腊岛之间，连接南海与安达曼海，是沟通太平洋与印度洋的重要水道，许多国家的石油和战略物资的运输，都要经过这里。

英吉利海峡在英国与法国之间，连接大西洋与北海，是世界上海运最繁忙的水道，国际航运量居各海峡之冠。历史上它对西欧的经济发展起过巨大的作用，故有"银色航道"之称。

世界大洋主要海峡的宽度和深度

名　　称	最小宽度（千米）	最大深度（米）	水道的最小深度（米）
丹麦海峡	290	2 250	113
戴维斯海峡	320	3 078	31
德雷克海峡	890	5 248	80
英吉利海峡	96	172	35
直布罗陀海峡	14	1 181	301
博斯普鲁斯海峡	0.7	121	33
莫桑比克海峡	420	3 520	18
霍尔木兹海峡	56	219	71
马六甲海峡	37	200	25
巴士海峡	148	2 620	47
白令海峡	86	70	42
台湾海峡	130	1 680	60

直布罗陀海峡是连接地中海与大西洋的重要门户，欧、非之间的天然分界线，也是大西洋通往印度洋及太平洋的海运必经之路，是西欧能源运输的生命线。

期盼海峡变通途

打开渤海海峡的地图，我们就会看到它是一条东北—西南向的海峡，一头牵引辽东半岛南端的老铁山角，一头倚伴胶东半岛的蓬莱角，全长 99 千米。在东面，它喜迎黄海灿烂的朝霞；在西边，它聆听渤海如诉的涛声。外海流来的高盐海水，从东北部的老铁山水道向渤海涌入；渤海的江河冲淡水，沿庙岛群岛的诸多水道向黄海泻去。它是渤黄两海海水交换的唯一通道，更是航船载着渤海沿岸广大地区的货物，走向四方的必经之路。

渤海海峡的战略地位尤为重要，它是我国海防的前哨。不过长期以来，我国有海无防。历史上的英法联军进攻大沽，八国联军进犯京津，日俄战争期间的日方补给，无一不是经由渤海海峡而到达目的地的。而抗战胜利时，八路军也是利用控制某些岛屿，掩护主力部队数万人，越过渤海海峡进入东北的。

渤海海峡有大小岛屿15个，主要分布在西南部。东北部岛屿较少，有较宽较深的老铁山水道。该水道水深流急，潮流可达2～3米/秒。最深处83米，宽达42千米，占整个海峡的40％，既是黄、渤海海水交换的主要通道，也是航船来往的主要航路。

改革开放以来，渤海沿岸地区的经济发展十分迅速，环渤海经济圈已经发展成为我国最大的重工业基地。但是，茫茫海水，把山东与辽宁的许多大城市、大港口阻隔开来，致使直线距离仅165千米的烟台到大连，要绕1 980千米的冤枉路。于是，专家们的设想提出来了：能不能利用渤海海峡的有利地形，开凿海底隧道或修建跨海大桥，让海峡变通途呢？

很快，设想的三部曲谱就了。2006年11月6日，第一乐章的号角已经吹响，那是从烟台到大连的铁路轮渡开通，实现了两大半岛的"软连接"。接下去，第二乐章的音符即将飘出，这就是修建从蓬莱至长岛的试验工程，或许这是一系列的跨海大桥，或许这是一系列的海底隧道，或许这是大桥与隧道相结合的小通道，以此小通道来带动整个渤海海峡的大通道。最后，高潮出现了，这应该是打造从蓬莱到旅顺通途的时刻，是大桥或隧道全线贯通的精彩瞬间。

待三部曲的旋律接近尾声时，连接珠三角、长三角与环渤海经济圈的交通大动脉，就会在祖国的大陆与海洋搏动；一曲海洋交通史上的凯歌，就会在祖国海空回荡。

亲爱的读者，宏伟乐章的前奏曲已经响起，你听到了吗？

台湾海峡大桥梦

在我国福建省与台湾省之间，有一条宽阔的海峡——台湾海峡。它属东海范围，连接东海和南海，是我国沿海南北海运的必经之地，故有"中国的海上走廊"之称。它也是东北亚各国同东南亚、印度洋沿岸各国海上往来的必经之地，具有重要的国际航运价值和重要的战略地位。

台湾海峡的北界是福建省的平潭岛到台湾省最北端的富贵角一线，南界

是福建省的东山岛到台湾省最南端的鹅銮鼻一线。东北至西南长约 440 千米，东西宽约 220 千米，最窄处仅 130 千米。最大水深 1 680 米，平均水深 80 米，大部分水深小于 60 米。东南部为深水区，水深多在 140 米以上。

海峡内有一个巨大的浅滩，位于东山岛与澎湖列岛之间，东西长 200 千米，南北宽 93 千米，呈椭圆形，是海峡最浅的地方，平均水深 20 米，最浅处仅 10 米，由许多东西走向的水下沙堤组成。它还有一个澎湖水道，位于台湾海峡的东南部，为海峡最深的地方。

与渤海、黄海和东海一样，台湾海峡也经历过多次沧桑巨变。大约在 7 000万年前，台湾海峡是华夏古陆边缘的海槽。在距今 4 000 万年时，受喜马拉雅造山运动的影响，它从海槽上升为陆地，与大陆相连，成为一片广阔的平原。此后，随着地壳的运动，它也时而海枯陆出，时而碧浪排空。

在 1.5 万年前大理冰期最盛时，这里也跟渤海、黄海和东海一样，海底全部裸露，海峡再一次成为陆地，大陆与宝岛再一次融为一体。苍茫茂盛的野草，郁郁苍苍的森林，给广大的海峡平原带来片片绿意，吸引各种动物纷纷前来觅食、嬉戏，风吹草低见牛羊的景象随处可见，生机盎然。

这种光景经历了约五千年之久。在距今一万年时，气候又一次转暖，冰川融化，海平面再次上升，台湾海峡又迎进海水，变为鱼虾遨游的乐园。直至今天，它仍然波涛汹涌地守卫着祖国的大陆和宝岛，为两岸的亲人带来渔盐之利、舟楫之便。

为了寻求大陆与台湾宝岛曾连在一起的证据，台湾文化资产管理处筹划了一次台湾海峡水下考古特展，2009 年 10 月 21 日在台北县立十三行博物馆开幕。通过已发现的 4 万年前德氏水牛、古羚齿象、四不像——麋鹿等动物群化石，确认台海两岸在 1 万～4 万年前确曾连成一体。

台湾海峡的渔业资源十分丰富。这里寒暖水流交汇，水交换畅通，鱼类品种繁多，是我国的重要渔场。主要渔产有鲯鱼、鲨鱼、鲭鱼、鲷鱼、鱿鱼、鲻鱼和鲺目鱼。其中，鲯鱼、鲭鱼和鲨鱼是这里的三大海产。此外，石花菜、紫菜、龙须菜产量也很高，尤以澎湖列岛的石花菜最为有名，平潭的紫菜质量最佳。

台湾海峡是很有希望的油气远景区。钛铁矿、磁铁矿、金红石和独居石等矿产资源很丰富，品位又高。

这里冬季北风强劲，常吹起高达八九米的巨浪；夏季则多偏南风，风力较小，但此时常有台风侵袭。

为了打通天堑，建设台湾海峡通道是两岸人民的宏伟愿景，然而这在过去只能是美好的梦想。现在，在先进技术的支持下，梦想或许将会很快实现，一条世界上最长的海洋通道，定会将天堑变为通途。

不久前，国家已经制定了今后 20 年高速网规划，而京台高速就赫然在列。规划诞生了，愿景的实现还会远吗？

专家们提出了三条可供选择的通道路线：北线从福建平潭至台湾新竹，中线从福建莆田至台湾中部，南线从福建厦门经金门、澎湖至台湾嘉义。

经过一番论证，桥梁专家林培元等人认为，眼下在海峡造桥、挖隧道的技术不成问题，不过三条通道中以北线方案为最佳。该线长度约 125 千米，水深多在40～60 米，最深不超过 80 米，属浅海区域，底部岩层又很坚硬，非常适于建桥。

让我们期待这一天早日到来吧！

马六甲海峡风云

从南海乘船向西北航行去，一条长 1 080 千米、宽 300 多千米的航道就会呈现在眼前，这就是美丽的马六甲海峡。

马六甲海峡连接南海与安达曼海，进而沟通太平洋与印度洋。它的东北面是马来西亚，东南面是新加坡，西南面是印度尼西亚的苏门答腊岛。西北端宽达 370 千米，东南端宽仅 37 千米，因岸上的马六甲古城而得名。古城原本是个小渔村，因郑和下西洋途经此处，在此修建补给点和集散地而逐渐发展起来的，后历经葡萄牙、荷兰和英国等国的殖民统治，现在已是马来西亚一个拥有 30 万人口、古迹众多的著名城市。

马六甲海峡的地理位置和战略地位都十分重要。它是太平洋与印度洋的交通咽喉，亚洲、非洲、澳大利亚、欧洲沿岸国家海运船舶都要经过这里；许多国家的石油和战略物资，也要从此进出。现在，这里每年通过的船只有 5 万艘之多，每天从这里运送的石油多达 1 100 多万桶。难怪日本人将这条航线视为"生命线"。

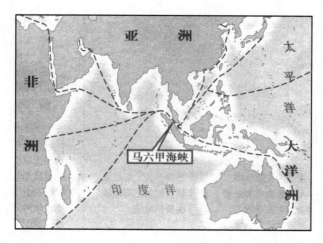

马六甲海峡

马六甲海峡不仅位置重要，两岸的土地也很富饶，风光亦很秀美。热带丛林遍布两岸；高达 60 米的常绿树随处可见；各种藤萝攀缘植物，像恋人一样缠绕在巨树之间；热带橡胶林吐着苍翠。加之年平均 25℃ 的温和气候，年平均 3 000 毫米的适中的雨量，这样的自然环境，着实令人向往。更有一群群高大的井架，显示着这里石油的富足。尤其西北端的槟榔屿，到处都是挺拔的槟榔树，英姿飒爽地屹立在海峡之滨，俯视着波涛的变幻，倾听着大海的轰鸣，不时飘散出一缕缕清香，沁人肺腑，被誉为"东方明珠"。

岸边的马六甲城，当年的满剌加，常会勾起人们一段遥远的历史回忆。

满剌加一向与中国友好，明永乐元年（公元 1403 年），明成祖朱棣曾派中官尹庆到该国访问，带去织金文绮、销金帐幔等礼物。酋长拜里迷苏剌为答谢中国皇帝的赠送，特派使臣随尹庆来到中国，进贡土特产，并表示要同中国世代友好、年年进贡的愿望。朱棣非常高兴，当即封拜里迷苏剌为满剌加国国王。郑和下西洋时，国王下令大开城门，挂彩饰花，迎接贵宾。

满剌加的位置对下西洋十分重要，在征得国王同意后，郑和决定在这里兴建中转站和补给基地。工匠们与当地百姓一起修建房屋、仓库，当地人民也借机学会了中国的建筑技术。

在满剌加停留期间，郑和目睹了百姓的疾苦，发现许多人高烧不退，上吐下泻，痛苦不堪。经了解，原来是饮用了不洁生水造成的。郑和当机立断，立即改建饮用水源，开凿水井，并亲自指导居民用井水烧开后再喝。很快，疾病得到控制，当地百姓感激不尽。从此，满剌加居民繁衍生息，子孙不断。马六甲的居民，大约 3/4 具有华裔血统。为了感谢郑和的恩德，人们把郑和建造的基地叫做"三宝城"，还在城边修建了"三宝庙"，作为永久的纪念。

六百年后的今天，我们在离马六甲仅五六千米的地方，仍能见到至今保存完好的"三宝庙"。殿堂内一尊郑和神像供奉正中，巨幅红绸上写着"福德正神"四个金色大字，两侧悬挂着大红灯笼，显得庄严肃穆。庙内终日香火缭绕，拜祭的人群络绎不绝。殿堂左侧，有一扇中国特色的门。穿过此门，就是一块植物繁茂、郁郁葱葱、花香四溢的圣地，这就是著名的"三宝井"。

马六甲还有"马六甲博物馆"、"马六甲苏丹故宫"和"马六甲蝴蝶园"等风景名胜。

不过，马六甲海峡也有许多难题有待解决。那就是多处航道狭小且不断淤积，对航行十分不利；日益猖獗的恐怖主义威胁；印尼森林大火和烧林火耕的传统带来的烟雾。

英吉利海峡

在英国与法国之间，有两条连在一起的海峡。西边的叫英吉利海峡，也叫拉芒什海峡；东边叫多佛尔海峡，也叫加米海峡。有时也将它们合称英吉利海峡。它们西通大西洋，东北连接北海，总长约 560 千米。最宽处在英吉利海峡内，达 240 千米；最窄处在多佛尔海峡内，仅 33 千米。平均水深 53 米，最深 172 米。是重要的国际航道，也是重要的渔场。

英吉利海峡是全世界海洋运输最繁忙的水道，每年通过的船只多达 12 万艘，战略地位十分重要。但几个世纪以来，运输工具主要靠船舶，远远满足不了经济发展的需求，这就使人感到解决海峡运输的迫切性。

事实上，早在 1802 年，法国工程师马悌鄂，就曾向拿破仑一世建议，修一条通向英国的海底隧道，因为他发现海底有一条白垩岩层，很适合修建海底工程。拿破仑对此感兴趣，但因战争而使事情延搁。后来，有人重提此事，但英国政府认为海峡可确保英国的安全，可免受欧洲大陆方面的攻击，如果修建隧道，可能会对英国的安全带来威胁，因此不愿意操办此事。

但是，现代欧洲经济的发展，再次把这一工程的迫切性提了出来。特别

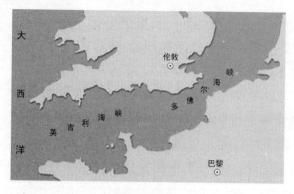

英吉利海峡

是随着英国加入欧洲共同体以及 20 世纪 70 年代以来欧洲一体化进程的影响，英国人终于有了修建海底隧道的意愿。于是，1986 年 2 月 12 日，英国首相撒切尔夫人和法国总统密特朗在英国的坎特伯雷大教堂参加签字仪式，正式确认了两国政府对于建造英吉利海峡海底隧道工程的承诺。

紧接着，一系列的准备工作开始了。

地址选在海峡最窄处的英国多佛尔与法国加来之间。因为这里最窄，只有 33 千米；而且有一层泥灰质的白垩岩层，厚 30 米，岩层的抗渗性好，硬度不大，裂隙也较少，易于掘进。隧道就建在它的下面，距海底 25～40 米。由于岩层是起伏的，所以隧道也要随着起伏，结果轴线就不在一个平面上，而呈 W 形。工程专家们认为，充分的地质资料和正确的判断，使隧道找到了理想的岩层。

经过 8 年多的设计和建设，一条在海底长 39 千米，总长 51 千米的英吉利海底铁路隧道，于 1994 年 5 月 7 日正式通车。它把自拿破仑·波拿巴以来英法人民近二百年的梦想变成了现实，把孤悬在大西洋中的英伦三岛与欧洲大陆紧密地连接起来，在欧洲海洋交通史上写下了重要的一笔。

英吉利海峡海底隧道的建成，使伦敦至巴黎的时间比原先缩短一半；客运量为每年 4 000 万人次，是原先的 1.6 倍；同时每小时还可向两岸各运载 4 000 辆汽车，效益非常明显。

英吉利海峡冬暖夏凉，温湿而多雨雾，常年雾霭茫茫，严重影响船舰的航行。

海峡中风大浪高，具有很大的波浪发电潜力，是海洋波能最丰富的地区。据估算，如果发电效率为 25%，那么，在英国沿岸 1 200 千米长的海域安装海浪发电设备，它们发出的电力，就可以满足英国电力需要量的一半。

这里的潮汐也很强大，朗斯河口的潮差达 13 米，是建潮汐电站理想的地方。1967年建立的朗斯电站，总装机容量24万千瓦，年发电量5.44亿度，耸立在不列塔尼海岸，俯视着波涛汹涌的英吉利海峡，把强大的电力源源不断地输往法国各地，甚至远及巴黎，大大弥补了法国能源的不足。直到2012年，电站经过改造后，仍然安全地在运转。

直布罗陀海峡

在南欧伊比利亚半岛南端与非洲西北角之间，有一条直布罗陀海峡。它北临西班牙，南濒摩洛哥，西接大西洋，东连地中海。长58千米，宽12～43千米，东深西浅，最深320米，最浅301米。它是地中海与大西洋的唯一通道，尤其是苏伊士运河开通和波斯湾油田开发后，这里更成为西欧能源运输的"生命线"；成为大西洋通往地中海以及印度洋和太平洋之间的重要航道，现在每年有10万多艘航船经过。这里还是兵家必争之地，二战时曾是英军与德军的一个重要战场，因此战略和经济地位十分重要。

直布罗陀海峡不仅在战略和航运上意义非凡，在西欧人类的起源中，它也扮演了通道和走廊的重要作用。这一点，或许很多人并不知晓。

直布罗陀海峡岸边的岩山

人类最早从哪儿来？夏娃是什么地方人？虽然这是一个没有定论的问题，但普遍的看法是，现代人最早起源于非洲，夏娃女士就是非洲人。后来，在距今约13万年前，她的子孙在地球上东奔西跑，寻找适宜居住的地方，终于在亚欧大陆繁衍出了众多的后代。这就是人类起源的夏娃学说。

这看上去似乎很荒诞，我们的老老祖母难道真的是非洲人？但这个学说得到了科学的支持，我们不能不相信科学呀！

科学家们通过对东亚人Y染色体类型及频率分布规律的调查，发现东亚人群中无一例外地带有非洲人的遗传基因和标志，这就为人类的"非洲起源

说"提供了强有力的遗传学证据。

那么，夏娃的后代是如何进入亚洲和欧洲的呢？

科学界普遍认为是通过高加索山脉进入亚洲大陆和东欧，然后再向西欧迁移。但是，西班牙有的古生物学家认为，直布罗陀海峡也是原始人类进入西欧的重要通道。该学者说，180万年前，海平面很低，非洲与欧洲大陆的距离只有几千米，东非的原始人类完全可以跨过直布罗陀海峡去到西欧。考古和地质调查支持该观点，认为西班牙在200万年时气候温和，草原辽阔，水源充足，良好的自然地理条件十分有利于原始人类的生存。当地出土的原始石器和动物骨骼工具，也与东非原始人使用的相当。

如果此说能够成立，那么，直布罗陀海峡就为西欧人类的发展立下了汗马功劳，它留下了夏娃儿女们的足迹，成为海峡北岸地区的真正生命线。

直布罗陀海峡属地中海气候，夏季受副热带高压控制，日照强烈，干热少雨，蒸发旺盛；冬季受西风带控制，多气旋活动，温和湿润；春季由于暖湿气流入侵，大雾常笼罩整个海峡，能见度很低，常常伸手不见五指，令船长们胆战心惊。

旺盛的蒸发使地中海表层海水盐度增高，达38‰，东部甚至更高达39.58‰。到了冬季，这些高盐水的温度降低，从而密度增高，便下沉至深处，形成深层水，从深层流出，而大西洋的海水便从表层流入，作为补充。入流水层的厚度约为125米，在海峡的南部要大些；入流的速度也很大，达2米/秒。船长和潜艇指挥官对这种现象很感兴趣，因为从大西洋进入地中海的航船和从地中海进入大西洋的潜艇，永远都能借光顺水航行，既加快了航行速度，又节约了时间和燃料，真是一举多得。

中国古代的航海贡献

中国人早期的航海活动

远在 10 万年前的旧石器时代，我们的祖先就开始和海洋打交道了。他们去海滩拾取海菜和贝类充饥，把贝壳磨上小洞，用野生植物的藤蔓串起来，做成装饰品。在北京周口店，考古工作者从大约 10 万年前旧石器时代山顶洞人的遗址中，找到了不少海生贝壳，发现了贝壳上磨成的小洞。根据这些实物，不难推想，那时，我们的祖先已知道海水每天有涨有落，因为去海边捡拾贝类、捞取海藻的活动，只有趁落潮时才能进行，而当潮水涨来，则又必须离开海滩，否则就会被海水淹死。

到了 7 000 年以前的新石器时代，沿海的舟楫活动开展起来，人们开始从大陆渡海航行到海岛上去。如今，在长山列岛、澎湖列岛以及台湾等我国沿海岛屿上，所出土的新石器时代文物，无论风格与花纹，都与同时期大陆上的别无二致，足以证明发源于黄河流域的彩陶文化和发源于东海之滨的黑陶文化，通过频繁的海上往来，早已传到了大陆以外的海岛地区。

等到人类已能用文字记载事情时，历史的进程就显得更加清楚了。周朝人写的《易经·涣卦》中就有"利涉大川，乘木有功"的字句。《易经·系辞》中有"皇帝刳木为舟，剡木为楫，舟楫之利，以济不通，致远以利天下，盖取诸涣"的记载。"涣"就是木在水上的意思。说明公元前 3 000 年前，我们的祖先就普遍掌握了用木头制造船只的技术。浙江吴兴的钱三漾遗址发掘出新石器时代长约 2 米的木桨，更说明当时的造船已有一定规模。

大约在夏代（公元前 21 世纪～公元前 16 世纪），人们不但能在海上航

行，而且还出海捕鱼。夏朝帝芒"东狩于海，获大鱼"，这已被写入我国最早的编年体史书《竹书纪年》。从海上捕到一条鱼，值得在史书上记载下来，这不能不说明当时所捕鱼之大，因而引起对这件事的重视，说明人们在海上的活动与生产能力情况。

到了春秋战国，海上活动蔚然成风。在当时的吴国和越国，人们多半喜欢"文身断发"，这就是由于长期从事海上活动所养成的。文身，是在身上刺一些花纹，据说能防止海中大鱼的伤害。断发，即只留短发，以便在水中活动。这种习惯，世代相传，久而久之，就成为吴、越等地人的特征。当时吴国的航海事业，已发展到"不能一日而废舟楫之用"的程度；海上军事活动也有相当的规模。越国也是如此。有一次，越王勾践趁吴国军队远出之际进攻吴国，他害怕吴王夫差回师反击，就派了一支人马众多的水军泛海北上，进入淮水，切断吴王的退路。能够开展这许许多多大规模的海上活动，表明人们对海上情况已经有了比较多的了解。当时人们去海上航行不但不感到惧怕，反而认为是一件快乐的事情。春秋战国时代，《说苑》中就有"齐景公（公元前547～公元前490年）游于海上而乐之，六月不归"的记载。没有相当规模和抗浪性能良好的船只，没有对海洋知识、气象知识的了解，要进行如此长时期的海上活动是根本不可能的。

春秋战国时期不仅航海事业发达，海上捕鱼和近岸引水晒盐也开展起来，并且达到了一定规模。那时，人们为了国家的富强，相当重视从海上取得财富。齐国的齐桓公是战国时期最早称霸的，他的国力比较雄厚，能够"挟天子以令诸侯"，就是因为重视并开展了海上捕鱼、晒盐事业，达到了使齐国富强的目的。《史记》中关于"兴鱼盐之利，齐以富强"的记载，就是一个很好的说明。

当渔盐之利兴盛起来的时候，人们对潮汐的认识也更加深入了。因为引水晒盐与潮汐涨落有着十分密切的关系，只有比较正确地掌握了潮水的规律，才能趁涨潮时把盐水纳上来，而趁潮水退去时，设法挡住海水，以供晒盐。《山海经》中就提到了潮汐与月亮的关系，表明人们已开始探索潮汐的成因。

到了秦汉时代，我国的海上活动规模就已经很大，对海洋的认识也不断增多。秦始皇为了长生不老，命徐福下海找仙药，结果仙药没有找到，徐福反倒率船队远航到了日本，这说明当时的航行能力是相当高的。

事实上，秦汉时期，中国船只不但能远航到日本，浩瀚的印度洋也留下了中国航海家们的足迹。《汉书·地理志》曾记载了中国船只在南海和印度洋上航行的路线。

至于到日本的航行，那时已是很平常的事。公元1784年，日本九州出土了一颗刻有"汉倭奴国王"的中国印鉴，据考证，是汉光武帝赐给倭奴王的。近年来，日本还陆续出土了我国汉代的铜镜、铜刻、钱币等文物。这些，都是开展海上频繁交往的有力见证。

进行这样长距离的航行，表明我国秦汉时代的造船技术和导航技术较之以前又有了很大的进步。20世纪70年代在广州发现了一处规模巨大的秦汉造船遗址，船台上的木墩板和枕木，用的都是大乔木，所采用的船台与滑道下水相结合的结构原理，与现代造船厂使用的完全一致，说明当时的造船技术水平是很高的。

那时的导航主要靠观测星辰，并且积累了相当多的天文航海知识。《汉书·艺文志》"天文类"中就有《海中星占验》十二卷、《海中五星经杂事》二十二卷、《海中五星顺逆》二十八卷、《海中二十八宿国分》二十八卷等许多关于海上导航的占星书。

海上航行和生产的发展，进一步推动了人们对各种海洋现象进行探索。如由于航运、捕鱼的需要，人们对海洋潮汐做了长期的观测、记录，因而对潮汐涨落的规律有了一定的认识，并刻了"潮信碑"，为海上航行和生产服务。当时的出海渔船根据潮汐的涨落"潮退则出，潮涨则归"。

东汉著名学者王充，在对海洋潮汐进行了长期的观测和研究后，发表了潮汐的涨落与月亮运行之间的关系的正确论述。他指出潮汐涨落的高度与月亮的圆缺有关。他还进一步指出了钱塘江潮特大的原因，是河口"殆小浅狭，水激沸起，故腾为涛"，表明我国当时对海洋现象的研究达到了一个相当高的水平。

我国唐代海上丝绸之路

三国时期，造船和航海事业又比秦汉时期有了进一步的发展。船舶不仅越造越大，而且能根据不同的用途，设计不同的类型。单是军用船只就有斗

舰、艨冲、舫、舸等。艨冲是一种坚固的战船，外面蒙着牛皮，箭射不穿。斗舰比艨冲更大，战斗力也更强。舸是一种快速、灵巧的战船。

当时吴国的航海事业最为发达，拥有各种船舰 5 000 多艘，这是一个很大的数目。著名的楼船，以其庞大的体态而超过了前代。根据《三国会要》的记载，大的楼船可以载坐 3 000 人。乘坐 3 000 人的木船有多大，这是不难设想的。把它比作"水上大厦"恐怕并不过分。

这样的水上大厦，东吴有好几艘，如"长安"、"飞云"、"盖海"等，都是当时东吴有名的楼船，孙权本人就曾乘"长安"号楼船泛游过长江。

公元 232 年春天，孙权为了联络辽东太守孙渊，从背后攻击曹操，派使者航行到了辽东，并于当年冬季借北风回到了东吴。不久，公孙渊也派使者携带礼物航海来到东吴。为了护送公孙渊的使者回国，第二年春天，孙权派了一支万人的大船队航行北上，并安全地抵达辽东。但公孙渊不讲信义，杀害了孙权的使者，扣留了他的船队。孙权暴跳如雷，决心报仇雪恨。公元 239年，他又派了一支巨大的舰队，趁公孙渊不备，袭击辽东，获得大胜，然后带着俘虏凯旋。

孙权还派遣过一支 3 万人的庞大舰队，从海路进军海南地区的珠崖、詹耳，并派使节航行到南洋群岛诸国。可以说，乘船出海，在当时并不是什么稀罕事，人们把乘船比作坐车骑马，视大海如同坦途。海上丝绸之路的形成就足以说明这一点。

很多人都知道在我国古代有一条"丝绸之路"，那是汉代张骞出使西域时开辟的，是我国西部地区与遥远的地中海东部国家进行贸易的陆上通道。因为当时中国的丝绸很有名，许多国家都想得到它。这条贸易通道主要就是用来运输丝绸和瓷器等物品的，所以被称为"丝绸之路"，也叫"陆上丝绸之路"。这条"丝绸之路"最早是从中原地区出发，经过新疆到达西亚。其路程的遥远，路途的艰辛，是常人难以想象的。因此，一提起丝绸之路，人们就会联想到一支支号称"沙漠之舟"的驼队，驮着沉重的货物，铃声阵阵、步履艰难地在天山脚下蜿蜒的山路上，在大漠之中的茫茫沙丘里，沿着张骞两次通西域所开辟的道路逶迤西去的情景。但是，陆上交通要经过不同的国家和地区，常常会有许多征税的关口，加重了税收的负担；而且，还常常会受到一些强悍部落的侵扰，安全和时间都得不到保障。这些不利的因素，严重阻碍着这条陆上丝绸之路的发展。

后来，随着航行技术和相关科技的进步，海运渐渐成为重要的运输方式，它运载量大，运输的路程远，自中世纪以后，陆上丝绸之路就渐渐衰落，海上丝绸之路则渐渐兴起。这样，南海和印度洋的海运就逐渐繁忙起来了。到了宋代和元代，由于政府的海洋意识增强，造船业蓬勃发展，建造出来的船舶不仅坚固而且载重量大，多是五层甲板的大吨位船只。这种船由于吃水深，连波斯湾的第一河幼发拉底河都无法进入，在世界上非常有名，这就使得海上丝绸之路更加繁荣。通过海上丝绸之路，中国与140多个国家和地区进行着贸易往来。

这条海上丝绸之路以我国东南沿海各港口为出发点。从山东蓬莱、江苏扬州和浙江宁波等港口出发，有直接通往朝鲜、日本的航线；从福建泉州、广东广州出发，有航行在南海和印度洋上的更长的航线。南海和印度洋上的航线，可以通达许多西洋国家。向东南可航至菲律宾；向南可航至印度尼西亚；西南可抵达中南半岛各国，并到达新加坡、马来西亚；向西穿越马六甲

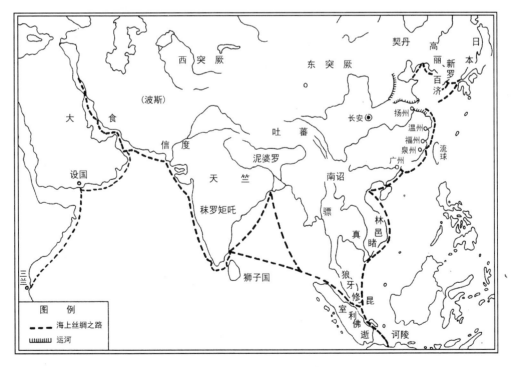

唐代"海上丝绸之路"示意图

海峡，可抵达孟加拉湾沿岸的缅甸、孟加拉国、斯里兰卡、印度东海岸等地；向西航行，则抵达阿拉伯海沿岸的印度西海岸、巴基斯坦、伊朗、阿曼、也门等地，直至非洲大陆东岸各地；更向纵深方向，则在阿拉伯海北部进入波斯湾，到达伊拉克、沙特阿拉伯，或者西进亚丁湾，再北入红海，抵达位于北非的埃塞俄比亚、苏丹、埃及等地。

这就是当时沟通亚非两洲的远洋航线，也是当时世界上最长的一条远洋航线。这条远洋航线的开辟，使中国货物能够直接到达波斯湾和红海地区，不必中转，大大促进了中国与亚非各国的贸易往来。

由于航运四通八达，人们对海洋的了解不断增多，尤其是中国沿海和印度洋沿岸一带，我们中国人是非常熟悉的，这在人类认识整个海洋的历史上，写下了光辉的一页。

郑和奉命率船前去远航

公元1405年6月15日，我国航海家郑和奉明成祖朱棣之命，率庞大的船队下西洋，目的是：一来通商贸易，把中国的丝绸、瓷器、金银、漆器、茶叶、铁器等世界一流产品销往海外，显示中国的富强，也换取一些海外珍品；二来是把中国的先进技术和华夏悠久的文明传播出去，向海外宣扬中国的悠久历史和灿烂的文化；三则是借机暗地里寻找惠帝朱允炆，因为朱棣用武力夺取了侄子朱允炆的皇位，必须找到他以除后患。

下西洋是一个伟大的决策，是开放对保守挑战的一次伟大胜利。郑和深知它的重大意义，因此，在接受了领导下西洋的重任后，就全力以赴地投入准备工作。他知道，要出色地完成任务，最重要的，就是用当时世界领先的中国造船技术，建造大型的远洋船舶。

为此，他一面派人到南京钟山采伐大桐木，一面又派人到各地去扩建及新建宝船厂。除了当时京城南京和淮南、苏州的大型宝船厂外，又在山东、河北、辽宁、广东、福建和浙江等许多地方扩建和新建了一批船厂。船厂里分工非常细致，有专门做船体的木工，密封防漏的艌工；有专门做船帆的篷工，做大橹的橹工；还有锻打铁锚的铁工，制造绳索的索工，油漆船体的漆工，真是样样齐全。工匠师傅们全力以赴，日夜开工，只用了10个月，就造

仿造的郑和宝船

好了几十艘大海船和许多附属的小船。其中有大型船只 62 艘，加上各种小船，总共多达 200 多艘。

这些巨大的海船，最大的长四十四丈，宽一十八丈。这个尺寸到底有多大，现代的人可能不是很清楚。读者或许会问，为什么不换算成现在的尺寸呢？遗憾的是这种换算目前还没有统一的标准。有一种说法认为，当时的一尺合现在 31 厘米。如果这样，那郑和最大的"宝船"就有 136 米长，56 米宽。现在的万吨巨轮也不一定有这么大呀！在当时，的确没有比这更大的船了。

为了适应远航的需要，工匠们又把船设计成好几种类型，有宝船、战船、座船、马船、粮船、水船，考虑得十分周到。宝船主要是供人员乘坐，其中最大的长四十四丈，宽一十八丈，九道桅，是指挥官员们使用的。马船长三十七丈，宽一十五丈，八道桅，主要装运马匹、武器装备、修船备件和生活

用品。粮船长二十八丈，宽一十二丈，七道桅，载运粮食。更小一点的座船，主要任务是防止海盗袭击，执行两栖作战。长二十四丈，宽九丈四尺，六道桅。最小的战船，虽然只有一十八丈长、六丈八尺宽、五道桅，但灵活轻巧，适用于战斗。

战船和座船对于一支庞大的远洋船队来说是必需的，否则安全没有保证。因为海上常有海盗出没，个别国家也不一定那么友好，带点军队和武器是很正常的事，完全是为了自卫的需要。

此外，船队还有专门装水用的水船。在船队中专门配备水船，是郑和的创举，是保证长时间在海上航行人员的饮水需要。在海上饮水不是一件小事，因为海水又咸又苦，不能喝，所以在海上航行必须携带淡水。郑和下西洋之后几十年，哥伦布和麦哲伦等人的航行，就因为缺乏淡水而死了不少人，给航行带来了很大的困难。

为了保证航行的安全，每只船上装了 3 个罗盘，这是我们祖先发明的航海仪器，它能在一望无际的大海上正确地指出方向，辨认出南北东西，要不然船队就要迷航。

这些船不但造得大，也很精致。尤其是郑和乘坐的指挥船，更是富丽堂皇，有官厅，有穿堂，还有头门、仪门、丹墀、书房、侧屋等，都是雕梁画栋，象鼻挑檐，挑檐上都安装了铜丝网，防止禽鸟弄脏。

郑和像

船造好了，郑和又忙着物色远航人员。他考虑得十分周到，指挥人员、驾驶人员、贸易人员、保卫人员，样样都有，还有会计、医生，总共挑选了两万七千八百多人。为了沟通语言，又到陕西等地物色了费信、马欢等人充当翻译，给船队人员在西洋各国的活动带来了很大的方便。接着，郑和又派人到各地采购当时的中国名产，丝绸绢缎、陶器瓷器、金银首饰、漆器铁器、大米大豆、钱币、茶叶等，品种繁多，琳琅满目。

准备就绪，郑和将船队集中到苏州浏家港待命，然后到皇宫向朱棣报告准备情况，请他检阅船队并择日起航。

航海技术先进无与伦比

为了确保在统一指挥下顺利航行，船队有一套严格的制度，如必须按照事先设计好的队形行进，船与船之间，前后左右，都得保持适当的距离；白天各船挂信号旗，晚上点信号灯，用来传达命令和进行联络。

要使船队正确地驶向目的地，还应配备一套完整的、科学的导航系统。郑和船队的导航系统，是总结我国历史上长期的航海经验，并加以发展而确立的。它的原则和方法是"惟观日月升坠，以辨东西，星斗高低，度量远近。皆斫木为盘，书刻干支之字，浮针于水，指向行舟，经月累旬，昼夜不止"。

浮针就是指南针，是我国古代四大发明之一，早在公元前 3 世纪就已问世。大约在 11 世纪末，它就被航海的船舶用来指示方向，从而使远洋航行成为可能。此后，我国发明的这一先进技术，又经阿拉伯人传播到印度和地中海沿岸各国，因而开始了世界航海史上用罗盘的新纪元。郑和船队的每一艘船上都有三层罗盘，每一层罗盘由 24 名官兵看守，监视航行的方向。罗盘的精确度很高，采用 24 个方位，每个方位相隔 15°，用天干、地支和八卦、五行命名。用这 24 个方位确定航行路线，当时郑和称它为"针路"。如果指南针正好指在某一方位上，叫做"单针"。如单午为正南方向，即 180°；单未为西南偏南方向，即 210°；单巽为东南方向，即 135°。人们不但会使用单针，还会使用"两指间"的方法，就是当指南针指在上述两个方位之间时，采用算术平均值求这个新的方位。如指在辰巽之间，其方位为 120°与 135° 的算术平均值，即 127.5°；丁未之间，则为 195°与 210°的算术平均值，即202.5°。这样一来，就把罗盘的方位扩大了 1 倍，由原来的 24 个增加到 48 个，大大提高了精度。

郑和船队在使用罗盘导航的同时，还创造性地采用了传统的天文导航方法。他们不仅利用日月和

科学航海

其他星体的升落、高低辨认航行方向，而且利用星体，对照《过洋牵星图》核定船位，随时校正航向偏差。

航行的船队，除随时测知航程外，还用重锤测量海水的深浅，用特制的铁钩钩取海底泥土，以识别航路。他们所用的计量单位是"更"、"托"。"更"计量航程，60里为一更；"托"计量水深，八尺为一托。随时测量水深可探知海岛、暗礁、暗滩所在，加以提防。钩取海底泥土，并对泥土粗细加以分析，可以得知距陆地的远近。因为，近海的海底沉积物主要由陆地江河带来的，一般来说，由于重力分选作用，粗的沉淀快，运移路程短；细的沉淀慢，运移路程长，所以，近海海底沉积物的一般特点是：离岸越近，沉积物颗粒越粗；离岸越远，沉积物颗粒越细。掌握了这个一般规律，就可以从钩取的沉积物粗细，来判断距陆地的远近了。

进行跨国贸易，挥洒友谊

船队顺流而下，不多时，只见一条颜色明显不同水界横在前面，近处的水呈现酱褐色，而远处的水则显黄绿。瞭望人员将情况向郑和报告，郑和查阅有关资料后向大家宣布，说这是江水与海水的分界处，船队即将进入东海，要值班人员仔细瞭望，并准备转舵南行。不久，船队驶入黄绿色水域，来到东海。郑和立即命舵手右满舵，在波涛滚滚的东海上向南驶去。

茫茫大海，天连水，水连天，见不到一点陆地的影儿。这个时候，航船的方向要是发生了哪怕是一丁点儿偏差，就会迷失方向，驶不到目的地。但船队里有许多精通航海的人员，他们白天测太阳，夜晚看星星，就能辨认出东南西北。阴天瞧不见太阳和星星，也难不倒他们，我们祖先发明的指南针，无论什么时候，都能指出正确的方向。

有了指南针，船队航行得很顺利。10月，走完了第一段航程，来到福建五虎门靠岸停泊，进行休整，并在这里等待顺风，准备穿过台湾海峡，在浩瀚的南海上向西南行驶，直接向着第一个目标——占城国前进。

南海是临近中国的海区，面积三百多万平方千米。吹在南海上的风称为"季候风"，是很有规律的：冬季吹东北风、夏季吹西南风。古代帆船航行，全凭风力推动。郑和的船队要向西南航行，所以必须等待东北风。12月，东北风吹刮起来了，郑和就传令起航。

在南海上航行了十个昼夜，远处的海岸轮廓便显示出来了。船员们高兴地欢呼，到了！到了！

占城国是中南半岛东南的一个国家，国王得知中国船队前来访问，非常高兴，举行了隆重的欢迎仪式。在仪式上，郑和把中国皇帝的国书交给占城国国王，并向他赠送了丰厚的礼物。国王感谢中国皇帝派船队前来他们国家访问，同时也把当地出产的象牙、犀牛角、伽蓝香等珍贵礼物赠送给中国客人。

贸易进行了很多天。等贸易完毕时，客人们就到各地去访问，负责暗中寻找朱允炆的人也到处打听起来了。一路上，人们见到了许多梅、橘、西瓜、甘蔗、椰子、菠萝、芭蕉和槟榔。这里还有很多的犀牛，就像中国的水牛那样大，身上没有毛，只有黑色的鳞甲，鼻梁中间长着一尺多长的角。这种犀牛角特别名贵，是郑和船队下西洋要交换的一样重要物品。伽蓝香（也叫棋楠香）也是这个国家的特产，是一座大山上出产的，其他地方找不到这种香，所以价钱很贵。

访问完毕，郑和率领官员们去王宫告别，然后率领船队起航，经过爪哇、苏门答腊等国，来到马来西亚的满剌加，即今日的马六甲。

郑和把朱棣的信件交给国王，赐给双台银印和冠带袍服，国王非常感谢，也回赠当地土产。

由于这里是马来半岛的南端，地处马六甲海峡东南入口，为连接太平

犀牛

洋与印度洋的交通必经之地，郑和想，如果能在这里借一小块地方建一个停泊港口，那将是非常方便的。他向满剌加国王提出请求，很快就获得了同意。于是，立即动工修建房屋、仓库、开凿水井，并把盖房技术和凿井本领传授给当地人民。

离开满剌加，船队驶入浩瀚的印度洋，来到锡兰国，又到印度半岛西南的古里国。古里国即现在印度的卡利库特，当时是一个商业发达的国家。

印度洋是一个很大的洋，风大浪高，常常会使航船偏离航道，很难保持

睦邻友好

原定的队形，有时甚至会使船只找不到队伍。那时没有无线电联络，更没有卫星通讯设施，给船队的正常航行带来很大困难。几百艘船在茫茫大洋上航行，既要使船队保持一定的队形，使航船免受侵犯，又要及时把命令传达到各船，将各船的情况及时报到指挥中心，还要在有雨有雾、能见度不好的时候保持正常的联络，在当时的确是一个难题。不过郑和对此早有准备，并且作了周到的安排。在出航的时候郑和就明确地宣布过白天认旗帜，晚上看灯笼的联络方法，并且要大家严格遵守。

白天认旗帜是郑和船队白天进行通讯联络的基本方法。每只船上都准备了许多各种颜色、不同大小的旗帜，事先又规定了各种组合所代表的意义，有什么事，只要把旗子高高地挂在旗杆上，别的船一看就明白，非常方便。

晚上看不见旗帜怎么办？那也不要紧，可以用灯笼来帮忙，这就是晚上看灯笼的联络方式。每只船上都携带了上百盏灯笼，用不同的方式组合，挂在桅杆上，或者挂在不同的位置，就可以表达通讯的内容，或者告知所处的位置，或者通报所遇到的情况。有时，还可以用生火的办法来作为晚上联络的补充方式。

如果下雨或是大雾，能见度不好，既瞧不见旗帜，也看不到灯笼，怎么办？那也有办法，就是借助声音。当然，这个声音不是人的喊话声，在空旷的大海上，喊话是听不见的。这时候，我们中国的锣鼓就能发挥作用。郑和船队的每条船上都备有大铜锣 40 面，小锣 100 面，大鼓 10 面，小鼓 40 面。这些锣鼓，用不同的方法敲打，就可以发出不同的信息。所以，雨天也好，雾天也好，敲锣打鼓就是传递信息的好方法。在京剧里，遇到战斗的场面，锣鼓声总是非常急促的，声音也特别大，所以，郑和也利用这种效果，在进行战斗时，用擂鼓助威，或者是鸣金收兵。

这些不同的通讯联络方法，虽然用在不同的场合，但也不是生硬地使用。有时候，即使是晴朗的天气，也常常用声音来发令。比如船只前进、后退、集合、休息、升帆、落篷、起碇、抛锚等经常使用的口令，用声音讯号往往

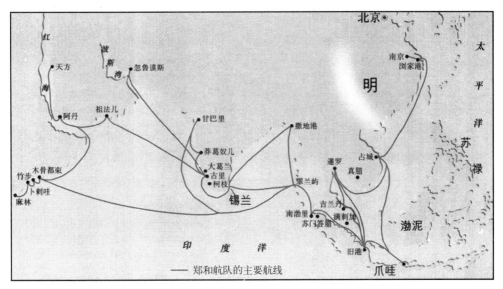

郑和七下西洋路线图

更明确，更迅速。

这些行之有效的通讯联络方法，给郑和船队的航行带来了极大的便利，也使他们顺利地穿越了茫茫的印度洋，访问了锡兰国和古里国后，按计划返航，结束了第一次航行。

精准的航海图流传百世

船队返航后，明成祖朱棣急忙召见负责暗中寻访朱允炆的官员，但他没有从寻访官员那里得到朱允炆的任何消息，心中怏怏不快。可是，当他召见完郑和，听了郑和的汇报，看到了西洋各国的国书、礼单和交换货物的清单后，不快的心情消失了，对郑和下西洋的成绩非常满意。那珍贵的象牙、犀牛角和其他许多的奇珍异宝，使朱棣眉开眼笑；各国国王写来的国书，赞颂他的才能和中国繁荣富强的话语，更使他陶醉了。对于寻找朱允炆的事，他渐渐淡忘了，他的注意力已经转移到去西洋开展更多更大的贸易，进一步显示中国的富强上面来了。于是，他告诉郑和，要他和全体下西洋人员好好休息，准备再下西洋。

只休息了几个月，就在当年的年末，郑和就接到再下西洋的圣旨，作了第二次远航。后来，在公元1409年12月，又奉命第三次出航。三下西洋，到了

占城、爪哇、苏门答腊、满刺加、旧港、古里、暹罗、真腊、锡兰等十几个国家，进行了大量的贸易活动，恢复和发展了同许多国家的友好关系。中国的国际威望进一步提高。

三次远航虽然取得了很大成功，但郑和并不满足，他觉得还有很多使命要去完成。他对朱棣说，三次远航到了不少国家，但西洋的西边还没有去，那里还有很多美丽富饶的国家，出产象牙、香料和药材，还有稀奇古怪的动物和植物。朱棣听了，喜出望外。他想，象牙是当时皇宫和有钱人家的高级装饰品，大臣们上朝，手里都要拿一块象牙笏，而这些象牙，过去都是从别的国家转买过来的，如果能直接与出产象牙的国家进行交易，那就再好不过了。因此，他希望郑和不辞劳苦，率领船队到更远的西洋国家去，到产象牙最多的国家去。郑和高兴地接受了任务，又接连作了几次远航。

1413 年 10 月至 1415 年 8 月，郑和第四次远航，并在那孤儿国（今苏门答腊北端）帮助平息了叛乱。这次到达了非洲东部沿海的剌撒（今红海沿岸东南）、阿丹、木骨都束、竹步、卜剌哇、麻林、溜山（今马尔代夫群岛）等国。

第五次远航于 1417 年 5 月出发，1419 年 8 月回国。除了以前访问过的国家，这次还到了印度东岸的沙里丸泥等国。

第六次远航在 1421 年初，1422 年 9 月回国。在东非各国，郑和不仅交换了象牙，也获得了一些珍贵的动物，如卜剌哇的马哈兽（即独角羚羊）、花福鹿（即斑马）、麋和犀牛，竹步国的非洲狮、金钱豹和鸵鸟。值得一提的是，这次远航，郑和曾在祖国的宝岛台湾靠岸，台湾人民热情地欢迎了从祖国开来的船队。郑和在这里补充了淡水，带去了当时台湾还没有的生姜。现在台湾省凤山县有一种三宝姜，就是郑和带去的生姜种植开发出来的，据说可治百病。郑和还在水中投药，要当地的老百姓到水中洗澡治病。

郑和第六次远航期间，1421 年，明朝的京城由南京迁至北京。这时，有一

独角羚羊

些人反对下西洋，认为下西洋耗费钱粮，弊多利少。不巧皇宫又连遭几次大火，朱棣以为是上天的惩罚，不得已，只好暂停下西洋的活动。

郑和六下西洋，驰骋在南海和印度洋上，对这一带的海洋状况，天气变化，比前人有了更详细、更深入的了解，获得了许多宝贵的海洋知识，积累了丰富的航海经验。每次返航后，他都及时地总结经验，把沿岸的地形和海中的岛屿，一一记载下来，并依据沿海渔民的实践经验，结合当时的航海技术，制作了前面说过的《针经图式》，就像现在的海图，用来指引航船的路程。下西洋官员巩珍说：海中的山和岛屿，形状各不相同，但有的在前面，有的在左边或右边，可以拿它们作为准则，在这里转向或者继续前进。要准确把握时间，计算不能有半点差错，这样才能到达目的地。选取有经验的航行人员，把《针经图式》交给他们，按图行事。可见，这种图的作用是非常重要的。可惜这种《针经图式》已经失传了，实在是航海史上的一大损失。

好在郑和还绘制了40幅航海图，已经流传下来，这就是我们今天看到的《郑和航海图》，它把海洋中的情况编绘得一清二楚，哪儿有岛屿，哪儿有暗礁，都一一标明。还绘出了航至各国的航线，航船应取的方位，航道之间的距离。图中详细记载了从南京下关宝船厂出发，出长江口，沿江苏、浙江、福建、广东海岸航行，跨过南海和印度洋，抵达非洲东岸的航线。这种航线，是借用罗盘，采取"更"、"托"、"针位"加以确定。以60里为更，计算距离的远近；以托计量深浅（一托约合1.7米），推算浅滩和暗礁；以针位来选取航道。航行途中，需要随时掌握航行几更可到某地；又必须用绳子拴着重锤沉入海底，打量水深几托，探知什么地方有暗礁；还需要根据针位，查明海岛的方位。这样反复操作，久而久之，航行的时候就会很顺利、很安全。

郑和船队测量方位使用的是指南针，当时叫"罗盘"。前面我们也提到过，宝船队的每一艘船上，均有3层罗盘，每一层罗盘由24名官兵把守，监视航行的方向。可见，郑和对于罗盘是相当重视的，这就保证了方向的准确性和航行的安全。

为了比较准确地定出航船所在的位置，郑和采用了天文定位的方法，观测天体的高度，因为在相当一段时间内，某个固定地点，在每年同一时间，这个天体的高度是不变的。郑和每次下西洋，总是利用有利的气象条件，趁东北季风出航，趁西南季风返航。所以，船队总是在大致相同的时间，到达

相同的地点，这样，他们就可以在比较固定的时间进行天体观测。为此，郑和还特地制作了专门观测天体高度的仪器，叫做"牵星板"。用航船所测得的某一天体的高度和所要到达的目的港该天体的高度差，就可估算出航船与目的港的距离。再利用航海图中标明的航向，就可以顺利航行到达港口。

郑和还利用观测太阳和其他天体在空中的方位来判断方向，结合指南针一起使用，结果确定出来的航向就非常准确。这就叫做"天文导航"。

有外国学者专门研究了郑和天文定位和海图的准确性，认为海图上的航线误差一般不超过5°。在六百多年前就有这么好的定位仪器和这么精确的海图，说明当时我国的航海技术是十分先进的。

七下西洋传播中华文明

郑和六下西洋回国后不久，明成祖朱棣就去世了，他的儿子朱高炽——仁宗皇帝继承了皇位。不到1年，朱高炽也去世了，他的儿子朱瞻基继位，是为宣宗皇帝。

宣宗皇帝为了继承祖父的下西洋事业，又想派郑和下西洋。于是，他派人把郑和从南京接到北京，同他商量再下西洋的事情。

经过6次远航，在海上生活了几十个年头的郑和，这时已经是头发斑白的六十岁的老人了。虽然海风吹粗了他的皮肤，烈日晒黑了他的脸孔，长年累月的仆仆风尘，在他额上留下一道道深深的皱纹，但他仍然精神焕发，目光炯炯，不减当年下西洋时候的那种威严的神情。这几年，他不再远航了，带领原先的远航人员驻守在南京，过着安闲平静的生活，种些从西洋带来的奇花异木，但那不平静的远航岁月的经历，仍然时刻萦绕在他的心头。他的眼前，永远滚动着蔚蓝色的波涛；他的耳边，永远回荡着大海无穷无尽的喧响。他是多么热爱海洋和海洋航行呵！在这几年里，他的脑海中也曾闪现过再下西洋的念头，但那只不过是出于对阔别许久的海洋的思念，一种美好的梦幻罢了。然而，令他没有想到的是，朱棣的孙子宣宗皇帝朱瞻基为了继承祖父的事业，竟然希望郑和能率船队再下西洋。

郑和接到邀请，激动地对朱瞻基说：

"虽然臣已经是六十岁的老人了，但身体还很健壮。陛下有这样的雄心壮志，把同西洋国家的友好关系发展下去，臣愿尽有生之年，为大明国再效犬马之劳。"

宣宗皇帝听了这话，非常高兴。他要郑和回南京好好准备，争取早日成行。

公元1431年1月，苏州浏家港又热闹起来了。郑和率领的船队，又齐集在这里，待命出航。

由于郑和六下西洋，名震中外，时隔多年，又要率船队远征，所以前来送行的人十分踊跃。起航的那一天，码头上人山人海，锣鼓声、鞭炮声、欢呼声融成一片，响彻云霄。

郑和雄姿英发地站在指挥台上，向送行的人群招手致意。

起航的时刻一到，郑和便命令各船张帆。霎时间，几十艘宝船挂满风帆，徐徐离开码头，又向着辽阔的大海乘风破浪。

船队重访占城、爪哇、旧港等国后，又来到满剌加，在这里分散开来，分头赴各地访问。郑和率领一支船队横渡印度洋，穿过曼德海峡，沿红海北上，来到一个"新"的国家——天方国。位于红海岸边的天方国，是一个伊斯兰教大国，物产丰富、文化发达、商业繁荣，被人们称为天堂。天方国的京城麦加，是伊斯兰教的发祥地，是郑和的祖父和父亲前来朝圣过的地方。郑和从小就怀着远航朝圣的梦想，如今，当他鬓发斑白的时候，竟然能够实现童年的梦想，兴奋的心情是无法用语言来形容的。因为每个穆斯林一生当中要尽可能到麦加城朝圣一次，所以麦加城里总是人山人海，朝圣的人络绎不绝。

各路船队按照约定的时间到满剌加汇合，浩浩荡荡地踏上归途，于公元1433年7月回到祖国，结束了第七次，也是最后一次远航。

郑和七下西洋，经历了40多个国家，跨越28年时光，这在世界上是绝无仅有的，在人们认识海洋和远洋航行的历史上写下了华美的篇章。

郑和船队

国外早期的航海探险

辛巴德航海历险再现

1981年6月29日，珠江口外的迷蒙海面上，一艘式样古朴的双桅三帆船"苏哈尔"号正迎着巨浪，艰难地向着广州黄埔港驶去。这艘用椰树皮绳拴合，用橄榄糖泥缝的早已绝迹的木帆船，把人们带进了《一千零一夜》中所描述的遥远古代世界，仿佛辛巴德航海历险的传奇故事，再现在眼前。

阿拉伯航海家辛巴德作过7次航海旅行，每次所遭到的惊心动魄的危难，是任何人都无法想象的。他从巴格达乘船出发，横渡浩瀚的印度洋，穿过马六甲海峡，然后在南海上乘风破浪，驶向中国海岸。他第一次航行的时候，因贪恋一个小岛的美丽风光，乐而忘返。哪知这小岛并不是岛，而是一条漂浮在水上的大鱼，因为日子久了，身上堆满沙土，长出草木，形成岛屿的样子。当它动起来，往海中沉时，辛巴德和他的同伴全部落入海中，辛巴德幸而抓住了一个大木托盘，才游到了一个真正的岛上，得救了，还顺利安全地返回家乡。但是，辛巴德并不满足于安稳、舒适、平静的家庭生活，他向往大海，决心再次去海上航行。

当他第二次来到一个海岛时，又不幸被巨大的神鹰带到一个无比深邃、遍地都是钻石的山谷里，无法脱离困境。正当他徘徊观望的时候，突然从空中落下一个被宰的牲畜，却不见一个人影，辛巴德十分惊奇。这时，他突然想起了一个传说，说是钻石商人们无法得到深谷里的钻石，就用宰了的羊，剥掉皮，丢到谷中，待沾满钻石的血淋淋的羊肉被巨鹰攫着飞向山顶，快要啄食的时候，他们便叫喊着奔去，赶走巨鹰，收拾沾在肉上的钻石，然后扔掉羊肉喂鹰，带走钻石。

辛巴德想到这个传说，就赶紧行动，捡了许多钻石，然后俯卧下去，拖了一只羊覆在自己的身上，用缠头把自己绑在羊身上。不一会儿，巨鹰飞来了，攫着死羊和辛巴德飞腾起来，落到山顶。当它正要啄食羊肉时，忽然崖后传来叫声和敲木板的声响，把巨鹰吓走了，辛巴德便被商人们救起，平安地回到了巴格达。

辛巴德在家里愉快地过了一段时间，又产生外出远航、游览各地风光的念头。于是他又接二连三地到海上去航行了4次。一路上，见到了奇特的风土人情，领略了奇妙的海洋风光，战胜了无数的狂风巨浪，经受了九死一生的危险。那黄牛形、驴子形的鱼类；那在海里孵卵、一生永不着陆的水鸟；那盛产丁香、胡椒、檀香和珍珠的岛屿；还有那散布着珠宝、玉石以及沉香、龙涎香的地方，使他惊叹不已。当他第7次也是最后一次远航的时候，他来到了中国境内。在中国近海，他遇到了突然间掀起的暴风和接踵而来的倾盆大雨，还遇到了凶猛可怕、庞大无比的鲸鱼。在风暴中，孤舟触礁，人员落入海中。辛巴德幸而抓住了一块破船板，凭着最大的勇气和毅力，才游到了海岸，免于一死。他靠着野果充饥，河水解渴。又自己动手，收集了一些木头，找来一些细枝和干草，搓成绳索，牢固地绑成一只小船，漂流到一座建筑美丽、人烟稠密的大城市附近，被人救起。又经历一段曲折，才动身起航，离开那个城市。辛巴德驾着孤舟在茫茫的大海中，一帆风顺地回到了巴格达，与家人、亲友重逢聚首。

如果《天方夜谭》里这个动人的故事是真实的话，那么，辛巴德的远航就将无可辩驳地说明，在国外，人类与海洋交往的历史也是很悠久的。

为了探索辛巴德远航历险故事的真实性，增进阿曼和中国的友谊，同时进行海洋科学考察，20名阿曼和其他国家的海员、航海家们，仿造了那只古木船"苏哈尔"号，决心沿着古代阿拉伯航海家开辟的航线，远涉重洋，驶向中国广州。"苏哈尔"号没有安装现代航海仪器，全凭风力鼓帆航行，靠观测日月星辰确定航向。他们把这次历史性的航行称为"辛巴德航行"。

1980年11月23日，"苏哈尔"号从阿曼的首都——马斯喀特扬帆起航，迎着北印度洋强烈的季风，冒着断炊断水的威胁，冲过凶猛鲨鱼群的围攻，搏击南海突如其来的风暴，一次又一次地从死神手中挣扎出来，终

于胜利地到达了目的地。整个航程 9 600 千米，历时 216 天。船长助理说："这次航行的胜利，靠的是坚韧不拔的毅力、决心和坚定的信念，这就是一定要沿着我们祖先的足迹航行到中国，以确凿的事实证明辛巴德历险的真实性。"船长也认为，这次远洋考察，证明了《天方夜谭》中提到的钻石谷在斯里兰卡南部，猫头鹰鱼现在被人称为飞鱼是真实的；表明了辛巴德航行的事实并非虚构，只是在情节上进行了艺术加工。而根据笔者的推测，辛巴德在南海遇到的突如其来的风暴，很可能是发源于南海的台风，因为这种南海台风生成迅速，发展极快，常使海上船只防不胜防。

"苏哈尔"号经过的这条航道，是一条极其繁忙的古航道。一千多年前，一艘艘船头高耸的绛红色阿拉伯木船，鼓起巨大的三角帆，满载着乳香、珠宝、药材，在这条航道上乘风破浪，驶向广州。中国的远洋帆船队也在这条航道上劈波斩浪，把丝绸和瓷器运往阿拉伯国家。这条持续了几个世纪的航道，为促进中国人民和阿拉伯人民的友好往来建立了永不磨灭的功绩。

事实上，国外航海家们的航海活动，还可追溯到更早的时代。5 000 多年

古代领航员在海滩上用照准仪测纬度

前，美索不达米亚人和埃及人就在海上做过长距离的航行。古埃及人在公元前2958年至公元前2949年，也曾派船队到非洲的索马里进行象牙、黄金、犀牛角和珍贵木材的贸易，并且持续了许多世纪。不过，这些航海活动主要不是埃及人自己进行的，而是靠克伦特岛人和腓尼基人进行的。定居在地中海东端克里特岛上的米诺斯人是西方世界最早的航海力量，他们具有冒险精神，曾坚定不移地向西航行，穿过当时未被人们认识的地中海，在看不见陆地的时候，利用太阳和星辰导航。

但是，腓尼基人后来居上，超过了米诺斯人，在地中海活跃了一千多年。他们勇敢而灵活，造船技术在世界上处于领先地位。他们用巨大的杉木造船，在海上进行长距离的木材贸易，传播造船技术。公元前15世纪前后，腓尼基人建造的兵船已多达30支桨，这是他们航海事业发达的一个重要标志。这时，他们竟然能够冲破神话传说和迷信的种种束缚，毅然决然地通过直布罗陀海峡，把船开赴大西洋，到英国沿岸巡航，并且发现了传说中的位于太阳落山方向的"幸福之岛"——加那利群岛。他们不顾海洋无底洞的神话，勇敢地朝西驶去，在大西洋中部的海藻群中荡漾，比哥伦布还早两三千年发现了藻海。他们甚至把足迹留在美洲大陆。向东去，腓尼基人又把他们的航海贸易扩展到了波斯湾。当时他们根据太阳和星辰的位置来判断航向，明亮的北极星是他们经常利用的、最为熟悉的星辰，因为它给航行者指出"北"方。因此，人们就把北极星称作"腓尼基人之星"。

后来，希腊人从腓尼基人那里继承了先进的航海技术，不断加以改进和发展，使他们自己的海上活动产生了一个飞跃，海洋知识也不断增加，提出了许多关于大地和海洋轮廓的设想，使地中海一带的远航和探索海洋的活动进入到一个新的时期，揭开了一连串远航探险的序幕。其中，埃及法老奈秋组织的绕非洲大陆的航行、汉诺冲过海格立斯神柱和皮塞亚斯的远航最为有名。

2500年前腓尼基人绕过好望角

人们常常把1497年葡萄牙人达·伽马作为绕过非洲南端好望角的第一人。其实，在达·伽马之前两千多年以前，腓尼基人就完成了绕过好望角的

创举。不信吗？那就读读下面的故事吧。

公元前 609～公元前 593 年，埃及法老奈秋对于从埃及东岸的红海航线到北岸的亚历山大港很感兴趣。他认为不必费事穿越沙漠，只要乘船沿着非洲海岸航行，就可以轻而易举地实现他的设想。于是，他雇佣了善于航海的腓尼基水手，租用了有 50 支桨的大船 3 艘，发出了沿非洲东海岸航行的命令。腓尼基人很想避开希腊人控制的海域，去寻找一条通往西方市场的航路，因此，十分乐意去完成奈秋的使命。

他们从红海岸边的苏伊士港出发，绕过非洲东端的瓜达富伊角，趁着冬季印度洋上的东北季风，沿非洲海岸向西南行驶。一路上，狂风、暴雨、巨浪、急流，给航行带来很大的困难，但水手们仍然顽强地航行下去，比以往任何时候都航行得更远。人们日夜盼望能够很快航行到这块大陆的尽头，盼望着海岸能够折向西北，以便从大陆的另一边返航。然而，海岸漫无边际地向西南伸展，好像没有尽头。水手们开始不安了。眼看着越向南行，气候越来越冷，风浪也越来越大，不安变成了惊慌。渐渐地，指引航向的北极星不见了，正午总是在南方的太阳，这时也换了个儿，悬挂在北方的天空了。这是多么大的变化，多么不可思议的事啊！水手们感到恐惧了，许多人甚至感到绝望，不想再航行下去了。

正当人们怀疑着黑暗的大陆是否有尽头的时候，海岸开始缓缓地向西折，绝望的水手们重新燃起了希望之火，满怀信心地转向西行。可是，老天不作美，风越来越大，浪越来越猛，咆哮的大海无情地冲击着在风浪中挣扎的航船。虽然水手们奋不顾身地勇敢搏斗，终究未能逃脱罪恶的死神之手，两艘船先后被大海吞噬。但是，剩下的那艘航船并没有被吓倒，而是更加英勇顽强地迎战风浪。终于，他们绕过了现今非洲南端的风暴区，沿着再次转折的海岸，向返回家乡的北方驶去。

说来奇怪，绕过好望角向北航行时，天气越来越热，风浪越来越小，久违的北极星又从水平线上升起了，正午的太阳也不断变高。惊慌和不安的情绪消失了，喜悦和胜利的欢乐来到了水手们中间。就这样，经过 3 年的时间，航行 2 万多千米的路程，他们终于驶入地中海，然后向东航行，在与出航时相反的方向回到了埃及，引起了极大的轰动。

时隔 150 年，希腊历史学家希罗多德斯在提到这个故事时，说他很乐意相信那是真实的故事。可是，有一点他是无论如何也不肯相信，那就是，水手们说他们曾在中午时分，瞧见太阳悬挂在北方的天空。

这位有见闻的历史学家，只知道中午的太阳出现在南方的天空，似乎这是万古不变的现象。可是水手们竟把太阳的方向调了个个儿，怎能不使他怀疑呢？希罗多德斯心想，一定是水手们晕船，把方向搞错了吧。

然而，海员们叙述的的确是真相，它说明勇敢的水手们的确曾绕过非洲大陆。因为非洲大陆的南端位于赤道的南面，而且比南回归线还要更南。正午太阳的位置，充其量到达南回归线的上空，所以，当水手们远航到南回归线以南的海洋时，瞧见中午的太阳时是挂在北方的天空，那是再自然不过的事了。而希罗多德斯居住的希腊，恰恰相反，位于北半球，而且比北回归线还要更北。因此，在希腊人眼中，中午的太阳光总是从南面射来，大概希罗多德斯以为他们所见到的这个事实，是一个普遍现象，其他地方也应当如此。

2 500 年前就能进行这样长距离的远航，这是多么了不起的事啊！

希腊人到达天涯海角

公元前 3 世纪，在地中海北岸罗纳河口附近的马赛，是一个商业繁荣的城市。人们从四面八方将货物运到这里，进行贸易，又从这里买去所需的物资品。因此，马赛街头总是人群熙攘，络绎不绝。那琳琅满目、五光十色的商品，吸引着从各地汇集而来的商人们，也使当地的人们眼花缭乱，目不暇接。一天，希腊航海家、地理学家皮塞亚斯漫步来到市场，观看着热闹的贸易场面，挑选自己想要购买的东西。当他在市场的一处见到许多他日思夜想的琥珀时，不禁惊叫了起来："啊，这么多琥珀！它们是从哪儿来的？"

琥珀是当时欧洲人十分羡慕的东西，据说是制造青铜的主要物品。可是，在地中海及其周围，它是那样的稀少，以至于航海家们不得不四处寻找。但长期以来，却一直未能找到它的产地，人们非常失望。现在，马赛市场上竟然有这么多琥珀，怎能不使皮塞亚斯惊奇呢？

皮塞亚斯打量着货物的主人，只见他们一个个满头黑发，沉默寡言。他们不主动与买主交谈，只是默默地站在他们的货物面前，等待着别人上前询问。而且，他们的语言，人们也无法听懂，交谈不得不借助翻译。原来，他

们是凯尔特人，他们是从别的地方到这里来做生意的。

皮塞亚斯很想打听琥珀的产地，可凯尔特人无论如何也不肯透露。皮塞亚斯失望了。他闷闷不乐地踏上回家的路，心里念念不忘那琥珀、锡和铜的产地，它们究竟在什么地方呢？因为不仅琥珀是当时欧洲人极想得到的东西，就是锡、铜等金属，在当时马赛市场上的需要量也日渐增多。

"一定要想办法找到它们的产地！"皮塞亚斯暗地下决心。

有着丰富航海经验和地理知识的皮塞亚斯，凭着自己的阅历，参照前人的航海记载，推测那些诱人的货物是凯尔特人自北方某个海岛上带来的。于是，他决定去大西洋北部探险，寻求贸易市场。

公元前240年的一个春末，他建造了一艘像水桶一样的航船，招募了25名水手和一名迦太基领航员，沿着伊比利亚半岛，缓慢地向着海格里斯神柱驶去。水桶般的航船虽然速度缓慢，性能却很稳定，经得起风浪的袭击。不久，直布罗陀海峡附近积雪的山顶出现了，一大群石灰岩质的岩块开始在海上出露，它们接连不断地耸立在岸边，好像一堵巨墙遮蔽了半边天空。皮塞亚斯兴奋极了，他知道自己的船已来到海格里斯神柱。但为了避开不时前来骚扰的腓尼基人的武装船只，他没有马上采取冲过海峡的行动，而是抛锚等待夜幕降临以后才静悄悄地起航。水手们紧张地注视着海面的动静，尽力乘海峡里的东风前进，船头下面激起阵阵浪花。破晓，皮塞亚斯的船已穿过直布罗陀海峡，在大西洋寒冷的涌浪中摇曳。

越过神柱，皮塞亚斯开始向西北航行，5天后，他们绕过葡萄牙的圣维森提角，转向北，靠着星辰指引航程。他们时而远离陆地，时而靠近陆地，大体上沿着海岸线航行。航行了七八百千米，海岸线突然折成东西向，于是，他们又向东航行。皮塞亚斯用星盘测量纬度，确定方位，意识到他们始终在马赛大致相同的纬度上（北纬43°附近）向东。当他们距马赛不到600千米时，海岸线再次折向南北方向。这样，皮塞亚斯了解到伊比利亚原来是一个半岛，延伸几百千米的比利牛斯山脉将半岛与欧洲连接起来。

探险家们平静地沿着现今的法国沿岸航行。当航船驶入卢瓦尔河的圣纳泽尔，他们见到了满头黑发的当地居民，听到了曾经在马赛街市上听到过的熟悉的声音时，顿时感到一阵兴奋："这不是凯尔特人居住的地方吗？"

皮塞亚斯连忙向凯尔特人打听锡、铜和琥珀的产地。凯尔特人告诉他，绕过布列塔尼半岛，再向北航行，就可以到达盛产锡矿的国家。

根据凯尔特人的指点，皮塞亚斯率船绕过布列塔尼半岛后，继续向北驶去。欧洲大陆渐渐在眼中消失，一望无际的大海展现在面前。皮塞亚斯很有兴趣地记录着这些北方的高纬度地带，夏天的太阳竟能持续照耀16个小时。

几天以后，人们瞧见一个暗绿色的目标在前头伸展着。驶近一看，原来是一块望不到头的陆地，一个覆盖着森林并且有人居住的地方。居民们走向岸边跟水手们打招呼。皮塞亚斯再一次听到了熟悉的凯尔特人的语言，又是一阵兴奋。它询问这一带的情况，打听哪儿有矿产。当地人告诉他，这是一个很大的岛屿，是不列颠岛的一部分，而他们居住的这个地方叫肯特，就是今天英国的肯特郡。在肯特的西南方，有一个盛产锡的半岛（即康沃尔半岛）。

皮塞亚斯喜出望外，立即率领一部分人登岸去寻找锡矿。采矿者们非常有礼貌地欢迎来客。

找到锡矿产地后，皮塞亚斯满意地扬帆北上。途中，皮塞亚斯发现，越向北，沿岸的树木、野草越来越少，代替它们的是些石楠属植物。渐渐地，石楠属植物也少了，代之以野草。最后，连草也见不到，尽是一些光秃秃的岩石海岸。不久，不列颠的海岸消失了。随着航船的北进，海洋的颜色越来越灰暗，天气越来越寒冷，风浪也越来越大。十多米高的巨浪把他们的船高高举起，又狠狠地摔下，航行极度困难。但这并不能动摇水手们的决心，他们艰难地、缓慢地前进，终于到达了设德兰群岛。

设德兰群岛最北端的昂斯特岛上的牧羊人，用热乎乎的食物欢迎这些被浪花浇得浑身湿透了的来访者，卖给他们羊皮上衣。听岛民们说，还有一个岛叫苏里，位于北方6天的路程以外，岛的周围是一片无边无际的冰海，那里是世界的尽头，是太阳睡觉的地方。

听了这些话，皮塞亚斯十分奇怪。心想："真有这样的地方吗？"他决心继续向北航行，决定去看看那个神秘的地方。经过6天6夜的航行，探险家们果然见到了那个"天涯海角"之岛。人们怀着敬畏的心情发现，即使在半夜时分，在那里也能见到太阳！还发现那里有"永远照耀的火焰"。

他们究竟到了什么地方？根据皮塞亚斯的描述，人们推断那是靠近北极圈的冰岛。不是吗？夏季冰岛的太阳的确终日在地平线上打圈；而那"永远

照耀的火焰"，或许就是美丽的极光，要不就是冰岛上活火山正在喷发哩！现在的冰岛，有100多座火山，其中20多座是活火山。可以想象，两千多年前皮塞亚斯生活的时代，也许活火山的喷发比现在更加频繁。

"这里已是天涯海角，世界尽头，不能再向前航行了，否则将有意料不到的灾难降临。"皮塞亚斯似乎感到有什么危险，他准备从这里返航。

但是，世界尽头的那边又是什么样子呢？好奇心促使皮塞亚斯想越过北极圈去看一看究竟。他们冒险航行了150多千米，进入北极圈内。正如皮塞亚斯自己所说的，那里是"既没有陆地，也没有海洋，又没有天空的区域。那里是三者结合的另一个世界。在那里，大地、海洋和万事万物都浮在所有元素混合之中。在它上面，人们既不能行走，也不能航行"。

地球上真有这样的地方吗？或许这是皮塞亚斯的胡言乱语吧。许多世纪以来，人们根本就不相信这种超现实主义的描述。然而，皮塞亚斯为什么要胡言乱语呢？因此不少人认为他的话是真实的。他所描述的那些现象，现代极地探险家南森作了科学的说明。南森认为，皮塞亚斯描述的现象，是由细碎的浮冰和迷茫的大雾所构成的景象。这说明，皮塞亚斯以极大的勇气，一度探索到北极圈内的冰海区域，探索到"既不能行走，也不能航行"时为止。

返航途中，皮塞亚斯穿过北海，终于在丹麦外海发现了一个盛产琥珀的岛屿，找到了梦寐以求的琥珀资源。

皮塞亚斯总共航行了11 000多千米。在两千多年前，他在没有地图、没有罗盘的情况下，仅仅用天文导航的方法，孤单单地一艘船行驶向了极海，并且向人们介绍了不少海洋现象和海陆分布的新知识，这在人类认识海洋的过程中，不能不说是作出了不朽的贡献。

勇敢探索的维京人

在人类探索海洋和陆地的过程中，我们不能忘记北欧海盗们的业绩。虽然他们为生活所迫，进行抢劫，但他们勇于探索的精神，他们长期的海上实践活动，在人类认识北方世界的历史中却占有重要的一页。

维京人原先生活在欧洲西北部沿海一带，由于人口的迅速增长和恶劣的气候条件，居民们生活得十分艰苦。一些善于航海的丹麦人、挪威人和瑞典人便去做海盗，在海上抢劫、经商或者探险。他们的航迹遍及大西洋和地中海沿岸，东至波斯湾，南至非洲的亚历山大港，西至北美洲的圣劳伦斯河河口一带，在世界上显赫一时，在航海探险史上立下了不朽的功绩，被人们称为北欧"海盗时代"。这是发生在公元9世纪至11世纪上半叶之间的事。

在抢夺了别人的财物后，有一部分维京人对那些带不走的东西很是羡慕，如法兰西的苹果园，英格兰的小麦田，爱尔兰的肥沃牧场，都引起了不愿到处流浪的维京人的强烈向往。他们渴望定居，过美好舒适的安定生活。于是，他们有的来到塞纳河谷上游定居；有的在英国东部，在爱尔兰、奥克内、设德兰和法罗群岛等地设立永久的居留地；有的则深入东欧一带定居。而瑞典的维京人，有名的露西，则率领一部分人沿伏尔加河航行，在沿岸的广大区域定居，建立了叫做"露西亚"的聚居区。

渴望定居的人越来越多，到9世纪中叶，北欧所有可以用来居住的土地都有了主人，没有得到土地的人们只得去探索新的出路。

大约在公元860年，有水手回来报告说，他们找到了一个没有人居住的岛屿，虽然那里的高处有皑皑的白雪，但低处却是土地肥沃的平原，长满了

维京人的龙头船

桦树林和越橘，景色宜人。

　　许多维京人听到这个消息，欣喜若狂，都想亲眼去看看那个美丽富饶的岛屿。有个叫弗洛克的人，率领 3 艘船从挪威出发，按照水手们的话向西驶去。7 天以后，果然见到了一片绿色的海岸。上岸后，很快建立了宿营地，尽可能多地捕捉鱼类和海豹充当食物。他们还喂养了不少家畜，生活倒也不错。可是由于他们只顾捕鱼捉海豹，没有想到储备更多的干草。结果，寒冷的冬季来临时，家畜由于缺乏饲料全部冻饿而死。接踵而来的是同样寒冷的春天，他们更感到失望。面对一望无际的寒冷的冰海，弗洛克思绪茫然，无可奈何地把他们生活的这块土地叫做"冰岛"。

　　虽然冰岛的冬季和春季是寒冷的，但夏季和秋季却颇为温暖，不少地方呈现出生命的绿色，仍然有比较好的居住条件。所以，探险者们返回挪威时，极力怂恿人们到那里去定居。弗洛克对冰岛并不十分感兴趣，可是乔洛夫却很欣赏。他对人们说，那里草木青葱，土地肥沃，景色宜人，海湾里有数不清的鱼和海豹。

　　乔洛夫的话对许多渴望土地的维京人是多么有诱惑力啊。公元 870 年，维京人带着他们的财产和猪、羊、牛等家畜，纷纷前往冰岛的西南部定居。冰岛的纯净空间和肥沃的土地，使这些新到达的维京人陶醉了。很快，来这里定居的人就达到两万多人。这样一来，土地就显得很紧张，不久，适合耕种的土地就被瓜分完了。

　　在最后几批到达冰岛的维京人中，有两个性情极其暴烈的挪威人，他们是父子俩，父亲叫乔瓦德，儿子叫艾利克。他们是因为犯了罪被驱逐出境而来到冰岛的。艾利克长着一头褐红色的头发和满脸褐红色的胡子，人们叫他红头。

　　年轻的艾利克听说在冰岛西面有一群白色的岛屿，就迫不及待地带着家属和邻居三十几人，向着未知的海洋驶去。

　　只航行了四五天时间，艾利克就瞧见了一个巨大的岛屿，一片白色。艾利克驶近一看，那白色不是别的，而是耀眼的冰河、岩石山峦和积雪反射的光辉。看来，这里不是可以定居的地方。艾利克失望了。和同伴们商量后，他决定沿海岸南下，去找寻能够定居的地方。

　　当艾利克来到这个大岛南端的一个海角时，冰雪消失了，一片绿色的海岸展现在眼前。所有的人都兴奋了，他们欢呼雀跃地登上海岸，艾利克在这里建立了暂时的营地。他们在这里狩猎、捕鱼、打鸟。夏天，艾利克带领一部分人出海探险，找到了一个又一个平静的海湾。每个海湾的海岸上，有着绿色的草地和鲜艳的花朵；鸟儿唱着动人的歌曲，鱼儿从温暖的水中时不时地跃出水面，一片欢腾的景象。

艾利克对这块地方十分满意，心想，光这么三十几个人在这里生活实在太少了，应当有更多的人来这里定居才好。于是，他又回到了冰岛，去宣传他发现的这块新土地。他给这个地方取了个诱人的名字，叫做"绿色的土地"（Greenland），音译成中文

维京人

就是"格陵兰"。在他的宣传鼓动下，很快就有许多维京人表示愿意到格陵兰定居。公元986年，他带领25艘船向格陵兰进发，但由于风大浪高，只有14艘船和大约450人登上了那块绿色的土地，其余的人不是被迫返航，就是被波涛所吞没，葬身大海。

到格陵兰去的消息很快就传遍了整个冰岛。没过多久，到格陵兰去定居的人足有三千多人。一下子来这么多人，土地不够用了，生活开始变得艰苦起来了。因为这块绿色的土地绝大部分仍是冰雪茫茫，真正适合居住的绿色区域是很有限的。因此，维京人不得不再出海探索，寻找更多的土地。

正巧，一个名叫贝加尔尼·赫乔夫逊的挪威商人，从冰岛前往格陵兰途中，遇到了风暴。风暴使他未能驶到目的地，却把他吹到了格陵兰西南方的一个地方。他在这里发现了一块平坦的土地，长着茂密的树林，他赶忙到格陵兰去向大家传播这一消息，渴望着财富、名声和土地的人们，欣喜若狂，争先恐后地要去寻找这块后来叫做巴芬岛的土地。

公元1001年，红头艾利克的儿子列夫·艾利克逊，带领了34个人破浪西行，一马当先地踏上了征途，穿过绿色的海洋，来到巴芬岛，但没有找到合适定居的地方；继而，他们转向南行，与寒冷和海浪顽强搏斗。好几次，航船险些被风浪打翻，可是列夫沉着勇敢地指挥着航船，一次又一次地闯过

了险关，终于见到了一块像那个挪威商人描述的平坦的、长满树的土地。

列夫率众人上岸，进行勘察，喜出望外地发现这里有茂密的森林，有美味的葡萄，近岸海洋里还可捕到许多鱼，便决定在这里建立居留地，并把它命名为"文兰"。后来，又招募了一些人来此定居，形成了一个比较兴旺的维京人的居民点。这个岛屿就是现在北美洲的纽芬兰岛。因此，许多历史学家认为列夫·艾利克逊是第一个发现美洲的欧洲人，因为他比哥伦布发现美洲几乎早了5个世纪。

就这样，维京人凭着他们的勇敢，在辽阔的大西洋北部纵横驰骋，发现了冰岛、格陵兰岛和北美洲的纽芬兰岛，在那里建立居民点，在人类认识海洋的过程中作出了重要的贡献。然而，在公元1200年以后，北大西洋北部的气候变得更加寒冷，大片大片的海洋为浮冰所覆盖，严重地阻碍了维京人的航海活动，加上营养不良，传染病的蔓延，因纽特人的入侵，以及近族通婚等种种原因，红头艾利克的后裔们逐渐衰落了。最后，当15世纪来临的时候，他们终于走向了末日，结束了曾在北欧历史上盛极一时的海盗时代。但他们所创立的业绩，在海洋探索的发展史上，却留下了灿烂的篇章。

地理大发现的故事

一本书掀起去中国的热潮

到中国去发财

在中国航海家郑和七下西洋，中国的远洋事业处在高潮的那些年月里，西欧各国仍然处在黑暗的中世纪时代，科学极端落后，宗教迷信盛行，远航事业也得不到发展，海洋无边无底的偏见严重地阻碍人们去认识海洋。直到 15 世纪末，由于生产力的发展和进行航海贸易、寻找殖民地以及开辟新渔场的需要，海洋探险事业才逐渐发展起来。

马可·波罗

那时，有一位叫马可·波罗的意大利人，年幼时随父亲和叔父前往中国，在中国居住、游历了十几年。由于他聪明能干，办事认真，深得元朝皇帝忽必烈的青睐，忽必烈便委任他在朝廷里做官，还常常让他代表朝廷出使东南亚一带。尽管如此，在中国生活、工作了 17 个年头后，马可·波罗还是思念自己的故乡，便申请回国。得到忽必烈批准后，他便和父亲、叔父一起，带着中国皇帝的巨额赏赐，踏上归途。

从中国带去的大量金银财宝和珍奇物品，使马可·波罗成了威尼斯的豪门巨富。多年来在中国做官和游历东方积累的渊博知识，又使他成了颇有名望的学者。后来，威尼斯与意大利另一个城邦——热那亚作战。在一次海上激战中，马可·波罗不幸被俘，关进了热那亚监狱。在狱中，常有人来询问

关于中国和印度的情况。大概是厌于一一答复，他便口授于人，写了一本名叫《东方见闻录》的书，详细描述了中国和印度的繁荣富庶，好像这些东方国家到处是财宝，满地是黄金，使西方人大开眼界，馋涎欲滴，从而掀起了去中国发财的热潮。

亨利亲王的野心

醉心于扩张的葡萄牙亲王亨利读到《东方见闻录》，心情异常激动，决心派船队去中国。虽然亨利不知道如何航行到中国和印度去，但他知道已经有地圆的传说，便决定让葡萄牙船队沿非洲西海岸南下，希望能找到一条穿越非洲大陆的海峡，从这条海峡向东航行，航行到东方的中国。可是船队日复一日、年复一年地向南行驶，始终未能找到这条海峡，亨利就忧郁地死去了。

亨利虽死，葡萄牙王室的扩张野心犹存，于是，国王决定继续派船向南探险，去发现通往东方的航路。

1487年，一个名叫巴塞罗缪·迪亚斯的人，带领3只小船，沿非洲西岸航行到了很南很南的地方。他在惊涛骇浪中瞧见了一个海角，很想绕过去，终因风浪太大，无法成行。他返回葡萄牙，告诉国王，说他到达了一个很南的"风暴角"。国王听了迪亚斯的汇报，又看了他绘制的地图，认为绕过这个"风暴角"，就有到达中国和印度的希望，便把地图上的"风暴角"几个字划掉，改为"好望角"，说是绕过了这个海角，就有希望到达东方。从此，这个非洲南端的海角，便一直沿用了"好望角"的名字。

虽说是绕过好望角，有希望到达中国和印度，但这里地处南纬40°附近的特大风浪区，风力常常大到9级，掀起十几米高的巨浪，航船无法绕过，因此人们总是说这个好望角，好望不好过。

通往东方的航路没有打通，金银珠宝和香料的贸易仍旧操纵在土耳其人手中，这对葡萄牙极为不利。国王下定决心，一定要到东方去。于是，一个更大规模的远航计划，在紧张而秘密地进行着。

达·伽马继承使命

1497年7月的一个星期日，富有更大冒险精神的维斯科·达·伽马率领

4 艘大型帆船，齐集在里斯本港整装待发。国王和王后热切地希望达·伽马这次远航能够找到中国和印度，完成几个世纪以来葡萄牙王室梦想开创的伟业，所以给予了他极大的尊荣与恩宠，任命他为总船长，并亲自率王公大臣前来送行。跪在地上的达·伽马也向国王表示了决心。

领着远航队的船长们和主要成员，亲吻国王和王后的手，然后骑上马，率领 170 名船员，身穿华丽的衣服，在宫廷贵族们的陪伴下，来到码头边，把王旗插上旗舰。岸上顿时礼炮齐鸣，欢声雷动。达·伽马当即下令升帆解缆，向着无边的大海驶去。

起初，船队航行得很顺利，后来，越向南去，风浪越来越大，有时一连好几天海面一点儿也平静不下来。航船在风浪中颠簸着，许多船员晕船呕吐，吃不下饭，睡不好觉，情绪渐渐低落下去。后来，连做饭的人也躺下了，不能做饭，船队面临断炊的危险，整个船队充满哀怨的声音，纷纷吵着要回葡萄牙去。

船员的要求激怒了达·伽马。他坚决地告诉大家，不绕过好望角决不罢休。人们没有办法，只得忍耐着航行下去，把生命置之度外，听任命运的安排。

达·伽马指挥着船队，时而靠岸航行，时而又折向开阔的海面，迂回曲折，根本没有固定的航线。为了在夜间不至走散，他命令各船用灯光进行联络，要紧紧跟着旗舰，不准擅自行动，否则要受到严厉惩罚。

又航行了一段时间，风浪渐渐平息下去，天气也开始晴朗起来，所有的人都非常高兴，心中充满了欢乐。随着海岸的急速转折，人们更是欢欣鼓舞，认为这是海角来临的预兆。达·伽马激动地指挥着船队转向，沿着海岸向东航行。一天早上，人们又望见了几座峰顶耸入云霄的大山，兴奋得流下了眼泪。达·伽马令各船靠拢，领着大家虔诚地跪下，念起了祷文。

达·伽马

达·伽马开辟了新的航路

绕过了好望角

又航行了很久，在 1497 年 11 月的一天早上，人们终于在远处见到了一个海角。这是不是好望角呢？达·伽马取出迪亚斯绘制的地图，嗨，真是一模一样。他兴奋极了，传令各船升旗，燃放礼炮，表示庆贺。

正当人们兴高采烈地准备绕过好望角的时候，暴风雨又突然呼啸而至。看上去这又是一场很大的风暴，如果强行绕过去，恐怕会出意外，不如先驶进附近的海湾避避风，顺便作一番休整。于是，船队来到了好望角北面的圣赫勒拿湾。在这里，达·伽马抛弃了一艘已百孔千疮的船只，将该船上的人员和货物分散到其余 3 艘船上，以便能快速前进。

大约等了一个星期，风暴平息了，达·伽马下令起航。3 艘船向着好望角驶去。

或许是一场风暴刚刚过去的缘故吧，迪亚斯所说的这个风暴角，如今倒是十分的平静。于是，航船顺利地绕过了海角，进入另一个大洋——印度洋。

这是印度还是中国

船队沿着树木渐渐繁茂的非洲东海岸向北驶去。与在非洲西海岸南下的情景形成明显对照的是，越向北，风浪越来越小，岸上的景色也越来越清新宜人。不久，茅屋出现了，表明他们已经到达了人类聚居的地方。

他们沿海岸缓缓行驶，清楚地见到了满头卷发、身饰铜铃的土著居民。后来棕榈树林也出现了，林中高大雅致的房屋，吸引着这些远道而来的欧洲人。达·伽马想，这样的地方一定居住着文明程度很高的人类，于是，他命令船队靠岸。

在岸上，他们见到了操阿拉伯语的回教商人。这些商人衣着华丽，衣服全是精致的细麻布或棉布做的，有彩色的花纹，做工十分精巧。在不远的岸边，达·伽马好奇地见到了 4 只大船，船员们正从船上将金银珠宝以及丁香、胡椒等货物卸下来。此情此景，把葡萄牙人惊得目瞪口呆。达·伽马心里盘算着，他们到达的这个地方，很可能就是印度或者中国，至少离这些国家不会太远了。

在阿拉伯海乘风破浪

可是，通过翻译一打听，这里根本不是印度，也不是中国，印度离这里还远着啦，而中国就更远了。虽然这些东西，除了黄金，统统是从印度来的，但印度还在北面很远很远的地方，而且要渡过一个大海。

于是，达·伽马又率船队北上，来到一个叫马林迪的地方。这个地方就是中国航海家郑和到过的地方，当时叫麻林国。马林迪国王热情好客，他穿着花缎长袍，坐在华盖下的黄铜椅上，划船前来迎接这些欧洲人，并为他们举行宴会，演出音乐戏剧节目，前后热闹了八九天。

达·伽马也向国王赠送了礼品，并向国王打听印度的情况，要求指引到印度去的航路。马林迪国王欣然答应了达·伽马的要求，给他派了一个熟悉航路的领航员。

在领航员的指引下，达·伽马率船队在阿拉伯海上乘风破浪。

达·伽马开辟的新航路

终于到了印度

阿拉伯海位于印度洋西北部，亚洲阿拉伯半岛和印度半岛之间，是印度洋的一个边缘海。它东靠印度，北界巴基斯坦和伊朗，西沿阿拉伯半岛和非洲之角，南面即印度洋。向北由阿曼湾经过霍尔木兹海峡连接波斯湾，向西由亚丁湾通过曼德海峡进入红海。阿拉伯海的面积为 268 万平方千米，平均深度为 2 734 米，最大深度为 5 203 米，是世界航运的交通要道。

由于领航员对这里的航路十分熟悉，对航道上的气象海况也十分了解，所以，船队只用了 3 个星期，就顺利地来到了印度西南岸的卡利库特，也就是中国航海家郑和曾经到达过的古里国。

卡利库特自从郑和率船队前来开展贸易以来，又逐渐发展了与埃及和意大利等地的商业交往，把香料用海船运过阿拉伯海，再由骆驼和内河船舶运往威尼斯，是一个商业繁荣的地方，人们很会做生意。国王听说有 3 艘远方来的大船，很是高兴，盼着做一笔大买卖。他派出 2 000 名士兵，敲着鼓，吹着喇叭和风笛，前往码头迎接客人。

踏上印度的土地，马可·波罗书中描述的景象立即映上眼帘。繁华的街市，熙熙攘攘的人群，高大的建筑，丰富的物品，使葡萄牙人赞叹不已。

一笔大宗的贸易

达·伽马用葡萄牙的金币购买货物，每种金币的价值都经过双方仔细衡量过，折合成当地的价值。他们所购的货物，几乎全部都是胡椒、肉桂和生姜。没过多久，他们就收购了许多货物，把 3 艘船装得满满的。

可是，葡萄牙人的贸易很快引起了来自阿拉伯的回教商人们的不满。因为很久以来，印度的香料完全操纵在阿拉伯商人手中，他们把香料运到埃及，卖给威尼斯人，赚取高额利润。现在，欧洲人自己直接前来购买货物，使他们的贸易垄断受到严重威胁，实在令人嫉恨。于是，这些阿拉伯商人便去晋见国王，说葡萄牙人不怀好意，派来了许多奸细，千万不能与他们通商。国王听了这话，半信半疑，就派人去打听。达·伽马获悉后，生怕发生意外，前功尽弃，便匆忙起航回国。

地理大发现的先声

回国的航程也不顺利。由于仓促起航，没有带足远航所需的生活用品，加上狂风巨浪的不断袭击，许多船员变得疲惫不堪，不少人衰弱到了极点，无声无息地死去了。后来，连熟练驾驶的人员也不够，达·伽马不得不焚毁一艘船，将人员和货物集中到剩下的两艘船上，坚持着航行下去，于1499年9月回到里斯本。这时，170人的船队，只剩下55人了。

达·伽马率船队开辟新航路并从印度返回的消息，像长了翅膀一样迅速传播开来，整个葡萄牙都为之倾倒。人们几个世纪以来要到达东方的梦想，终于实现了。人们像欢迎英雄凯旋一样地欢迎达·伽马的归来。

国王和宫廷贵族们不仅为达·伽马带来的珍贵物品和大批香料而高兴，更为他开辟了一条向往已久的通往东方的航路而欢欣鼓舞，因为从此以后，他们就可以通过这条航路，去榨取东方的财富。事实上，达·伽马这次从印度带回的商品，在葡萄牙高价出售后，赚得了相当于航行费用总数60倍的纯利。这种旷古未闻的厚利，引诱许许多多西欧航海家沿着新航路到印度去，到东方去，大量搜刮东方人民的血汗，从而开始了西欧资本主义的原始积累。在这方面，达·伽马显然立下了汗马功劳。

达·伽马的这次航行，对当时欧洲人认识世界，认识海洋，破除海洋无边无底的传说，起了积极的作用，成为欧洲"地理大发现"的先声。

哥伦布发现新大陆

哥伦布的黄金梦

在达·伽马尚未开辟新航路之前，当葡萄牙船队还在非洲西岸向南探航的时候，一个意大利青年人克里斯多弗·哥伦布受到《东方见闻录》的启示，也卷入了去东方寻找财富的热潮。他非常渴望得到黄金，他觉得"黄金是一个令人赞叹的东西，谁有了它，谁就能支配他所需要的一切。有了黄金，要把灵魂送到天堂，也是可以做到的"。现在，既然了解到黄金来自中国和印度，他自然不惜冒一切风险前去取得。他专心学习航海知识和技术，去地中海作过多次航行实践，对于罗盘、海图和各种航海仪器很熟悉；对于利用太

阳、星辰的位置来确定航船的方位也非常精通。他决心驾船去中国。

哥伦布相信地圆学说，认为中国和印度虽然在欧洲东方，但一直向西航行，同样可以到达。于是，他给当时著名的地理学家巴鲁奥·托斯康内里写信，请教关于去中国和印度的最短航路。托斯康内里回信说：

"这条路的存在可以用地球是个圆球来证明……不断向西航行……才能到达这个出产各种香料和宝石最多的国家……"

地理学家的话，更坚定了哥伦布的信心，他开始制订远航计划。

虽然当时有不少人相信地圆学说，可是关于地球的大小和海陆分布状况并不清楚。人们以为除了亚洲、欧洲和非洲外，地球上再没有陆地了。围绕着这3块大陆的是一片汪洋大海。哥伦布根据地理学家托斯康内里的意见，认为从葡萄牙首都里斯本向东到中国最东边的距离是地球周长的三分之二。他想，既然地球是圆的，那么，从里斯本向西航行到中国东端的距离应当是地球周长的三分之一。结果，他选择了一条从加纳利群岛出发一直向西航行的路线，认为这条航线最短，航程大约是4 500～5 000千米。这当然是十分错误的。但哥伦布就在这种错误的认识下，开始筹划他的远航。

他把远航计划托人呈送给葡萄牙国王，请求支持，但国王当时正热衷于派船队沿非洲西海岸南下，去寻找到达东方的航路，觉得哥伦布的根据不足，不能同意他去冒险，断然拒绝了。哥伦布便带着沮丧的心情离开葡萄牙，到西班牙去寻求新的希望。

到了西班牙，几经周折，才勉强得到西班牙国王斐迪南和女王伊莎贝拉的应允，同意为他装备3艘帆船，一直向西航行，去寻找富庶东方的航路。并且还同意封他为将来他所发现的"一切岛屿和陆地的海军上将"，哥伦布无论用什么方法得到的财物，除去航行费用，他本人可享用十分之一，其余的则上交国库。

条件虽然谈妥，但哥伦布的准备工作却很不顺利。他得到的只是3艘破旧不堪的军舰，最大的"圣玛利亚"号不过130吨，中等的"平特"号90吨，最小的"宁雅"号只有60吨。比起郑和下西洋几千吨的大宝船，简直是天壤之别。

既然国王和王后支持远航，可为什么却给哥伦布这样的破船呢？因为国王和王后本不同意这次远航，只是哥伦布托人说情，他们碍于情面，才勉强同意，但对哥伦布能否成功，抱有很大的怀疑，所以不肯花很大的本钱让哥伦布去冒险。给他 3 艘破军舰去碰碰运气，成功了，那是一本万利的事；失败了，就算白给了他。

"圣玛利亚"号

招募水手也很困难。因为当时地圆学说的科学知识还未普及，许多人害怕航行得太远会掉进海洋无底洞，会走向无边大地的边缘，永远也回不来。要不然遇到海上的狂风恶浪或者遇到吃人的妖魔水怪，也会死在海上。因此，很少有人愿意去冒险。招不到水手，怎么去航行呢？没有办法，哥伦布只得建议国王和王后强行征集一批刑事罪犯充当水手，才勉强凑集了 188 人的队伍。

1492 年 8 月 3 日拂晓，哥伦布亲自驾驶着军舰"圣玛利亚"号，率领舰队从西班牙巴罗士港起航，去实现他长久以来就做着的黄金梦。

藻海脱险

哥伦布按照预定计划将舰队开到加纳利群岛，然后对船只做了一番修理和补给，于 9 月 6 日才向西进发。

头几天航行得很顺利，风平浪静，晴空万里，深蓝色的海面闪着耀眼的光辉。海鸥在船头轻盈地飞翔，鱼儿自由地在水中嬉戏，一切显得那样平静美好。既没有吃人的海妖，也没有见到大地的边缘，可怕的海洋无底洞也没有半点影子。原本充满担心和恐惧的水手们，情绪渐渐安定下来。在哥伦布的鼓励下，他们也开始对航行的目的地——中国和印度，产生了希望和憧憬。

航行了十天十夜，人们隐约在前方见到了苍翠的陆地。消息传开，一个个无不欢欣鼓舞。哥伦布没想到这么快就到了东方，更是欣喜若狂。他想，这大概是上帝赐给他的洪福吧。因为多少欧洲人在寻找这条通往东方的航路都没能如愿，葡萄牙人仍旧一个劲儿地派船南下，也没有结果，而他自己，由于掌握了科学知识，坚信地球是圆的，想出了向西航行到东方的妙招，所以才这么快就获得了成功。

舰队朝那块隐约可见的陆地驶去，经过几天几夜的航行，陆地终于呈

现在眼前。哥伦布命令全速航行，并要大家做好登陆的准备。可是，当他们来到这块陆地跟前时，却大失所望，原来那根本不是什么陆地，而是漂浮在海面上的密密麻麻的一簇簇绿色的海草。哥伦布赶紧测量一下海深，几百米长的绳子竟到不了底，这说明他们正航行在深不可测的海洋上，附近几乎不可能有陆地存在。

船队艰难地在一望无际的海草里航行，几天几夜都未能到达尽头，人们感到非常奇怪：这究竟是怎么回事？这里究竟是什么地方？

透过清澈的海水，水手们见到了许许多多蠕虫、小鱼、小虾和小蟹在海草里游弋，它们身体的颜色和海草一样，粗心的人很难分辨出来。使人惊奇的是，这些海草，有的很细小，只有几厘米长；有的又很大，长达200多米！这些从来没有见到过的情景，又勾起了水手们的恐惧，他们不知道究竟将有什么样的灾难要降临。一些人不满了，要求返航。哥伦布自己也不知道这是怎么回事，只得连哄带骗地对水手们说，很快就会渡过这块海草区，只要过了这片艰难的海域，马上就可以到达中国和印度。没有海洋知识的人们信以为真，只好忍耐着向前驶去。

那么，哥伦布他们究竟来到了什么地方呢？

后来才知道，这里是北大西洋环流中心，离大陆还远着哩！这片海域，生长着繁茂的马尾藻和其他一些海藻，面积达455万平方千米，几乎有29个英国那样大。由于这里处在海洋环流中心，风浪小，过着漂浮生活的马尾藻不能远徙，便聚集在这里安家落户，形成了一片特殊的海域——马尾藻海，简称藻海。哥伦布船队的意外发现，使人们了解到这个没有海岸的"海"的存在。

经过3星期的恼人航行，总算渡过了海藻区。于是，水手们满怀希望等待着东方大陆的来临。

从探险者到发现者

可是，日子一天天过去，仍然是茫茫海空，水天一色。水手们感到这样航行下去没什么指望，愤怒地要求哥伦布改变航向。面对愤怒的人群，哥伦布只好作出让步，答应改变航向。可是，如何改变航向呢？正发愁时，一群飞鸟从头上飞过，向西南飞去。哥伦布想，大概陆地在西南方向，不如跟着

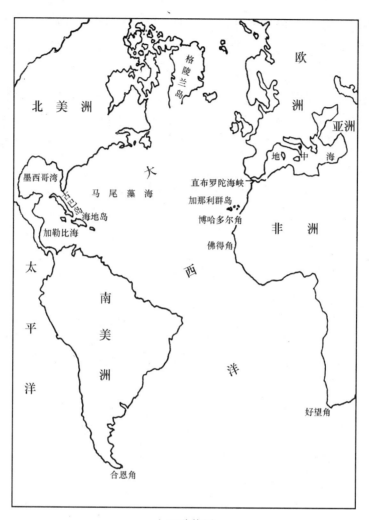

大西洋简图

飞鸟走。于是，他把船头指向西南。

可是，朝西南航行了几天，还是见不到一点陆地的影子。水手们说什么也不干了，坚决要求调转船头驶回西班牙，否则就把哥伦布扔到海里去。

哥伦布一点办法也没有了，只得对大家说好话，说离家已经很远了，回去也有困难，而离目的地肯定是越来越近的，希望大家坚持几天，并答应给大家一些奖赏，这才勉强把情绪安定下来。

10月11日，哥伦布在"圣玛利亚"号船舷边见到一根漂浮着的绿色芦苇，他非常兴奋。接着，"平特"号上的水手也见到一条果实累累的小树枝。看到这

些，人们的心才安定一些，因为这些东西肯定是从陆地上漂来的，说明附近有陆地。

第二天，10月12日凌晨两点多钟，"圣玛利亚"号和"宁雅"号上熟睡的人们突然被枪声惊醒。哥伦布急忙跑上甲板，询问发生了什么事。值班人员告诉他，是"平特"号发出的信号。于是，3条船相互靠拢。当人们听到"平特"号上的水手发现了陆地时，都很激动。不久，所有的人都在晨曦中瞧见了那块陆地。

从加纳利群岛出发时算起，哥伦布率舰队横渡大西洋，共历时35天。

此时的哥伦布得意极了，一生中几经周折，备受冷落的往事，立即在他脑海中消失得无影无踪。现在，他觉得，他一生中灿烂的前程开始了，他不再只是一个海洋探险者，他还是一个海洋发现者。

哥伦布指鹿为马

太阳在新世界纯净的天空中升起了，人们清楚地见到一座树木青葱的岛屿，在珊瑚环礁和闪光的砂质海滨包围下缓缓地起伏着。哥伦布率领众头目乘小艇上岸，跪在地上，令人插上一根木杆，升起一面西班牙王旗，并竖起一个十字架，表示已为西班牙国王和女王占领了这块土地。他想，虽然一路上遇到不少困难，但总算到达了目的地，登上了亚洲东部的一个小岛，这是仁慈的救世主赐给的好运，应当把这块初次踏上的土地命名为"救世主岛"。于是，他当众宣布了这个决定。

"救世主"在西班牙文中读作"圣萨尔瓦多"，从此，这个位于北纬24°、西经74.5°的小岛，就被人们称为"圣萨尔瓦多岛"，又称"华特林岛"。后来有3位美国学者考察后认为，哥伦布首次登陆的小岛并非圣萨尔瓦多岛，而是该岛东南350千米处凯科斯群岛中的一个荒无人烟的小岛。

哥伦布踏上圣萨尔瓦多岛后，迫不及待地要去寻找黄金、宝石和香料，可是，除了见到一些小村落外，什么也没有找到。他开始怀疑自己是不是真的到了中国。他登上高处，向四周极目眺望，见到远处有许多岛屿，于是，他灵机一动，立即得出结论，断定脚下的圣萨尔瓦多岛不属于中国，因为马可·波罗在《东方见闻录》书中曾说过印度周围有许多岛屿，这里一定是印度周围的岛屿，而印度大陆肯定就在眼前。此后，他就一直把这些岛屿叫做

哥伦布1492年初次抵达古巴

"印度群岛",把岛上的居民叫做"印第安人"。其实,这根本不是印度的岛屿,而是中美洲大陆以东的巴哈马群岛,哥伦布指鹿为马。

哥伦布率领他的舰队在"印度群岛"间航行着,从一个岛屿来到另一个岛屿,还到古巴岛上转了一圈,始终没有见到《东方见闻录》里所描述的印度的情景。于是,他又开始怀疑了:"难道这不是印度群岛?"

他左思右想,实在搞不懂是怎么回事。不得已,他只好换个思路,暂且不管这是什么地方,只要能搞到黄金就行。为了打听什么地方有黄金,他拿出少量黄金,问当地土著哪里有这些东西。土著们不约而同地指向内地,说那里是岛的中心,有一个出产金矿的地方,叫做"古巴纳铿"。

"古巴纳铿?纳铿?铿?"哥伦布反复念着这几个字音。突然,他发疯似地叫喊道,"哦,我明白了!"

水手们惊奇地瞧着这位海军上将，不知道他究竟明白了什么。

海军上将得意洋洋地对大家说："古巴纳铿，这个铿的发音，也可读作可汗。可汗就是中国的皇帝，所以印第安人说的那个古巴纳铿，就是中国！"

这是多么惊人的发现！水手们都为这个惊人的发现所鼓舞。心想，这回可好了，出产黄金的中国终于找到了，马上就可以载着满船的黄金回西班牙去。哥伦布更是异常激动，立即派两名急使，带着西班牙国王和王后的国书，飞也似地去晋见中国皇帝，自己则带领一批人员随后而行。然而急使也好，海军上将本人也好，始终没有见到中国皇帝，见到的尽是可怜的村落，和村落旁的小块耕地。耕地里种了些棉花和当时欧洲人还不认识的玉米、马铃薯和烟草等农作物。如果说还有什么稀奇事儿，那就是西班牙人第一次瞧见了吸烟。以后，吸烟的习惯很快传入欧洲，并且流行起来。

从印度、日本凯旋

突如其来的兴奋和激动很快冷却下去了。海军上将又一次搞错啦，在加勒比海的古巴岛上，怎么能找到中国，见到中国皇帝呢？

哥伦布没有见到中国皇帝，也没有找到黄金，但他坚持己见，认为这里可能是中国最贫穷的岛屿，按照马可·波罗的记载，中国东面有个富庶的日本，如果向东航行，或许能到达日本。

正当他迷惑不解的时候，他的部下打听到离这些岛屿很远的东方，有一座很大的岛屿，居民们脖子上挂的是金项链，耳朵上垂着的是金耳环，胳膊上带着的是金手镯，甚至脚上也有金的装饰品。哥伦布断定那一定是日本岛，得赶紧到那里去。

哥伦布要赶去的"日本岛"，究竟是一个什么地方呢？那是一个比古巴还要大的大岛，当地人称之为"海地岛"。

在海地岛，哥伦布的确见到了一些黄金，于是，他开始不择手段地进行掠夺，把岛民们的一切黄金抢走，据为己有。然后，又在一位印第安人的指引下，准备到南面一个更加富有的岛上去掠夺。不幸的是，他的旗舰"圣玛利亚"号搁浅了，另一艘军舰"平特"号又开了小差，剩下的只有60吨的"宁雅"号，无法再继续航行了，他不得不决定返航。

哥伦布把39名自愿留在海地岛上企图找到更多黄金的人留下，给了他们一年的粮食和副食品，帮助他们筑了一座小小的城堡，然后带着为数不多的黄金和 10 名俘虏来的印第安人，以及一些欧洲人从未见过的奇异植物和鸟的羽毛，驾着"宁雅"号向东驶去。路上正巧遇到开小差的"平特"号。"平特"号舰长对哥伦布发誓说，他离开舰队并不是自己的本意。"平特"号的水手们都站在舰长一边，所以哥伦布不便当场采取什么行动，假意装作若无其事，暗中却盘算着以后找机会惩罚他。这样，两艘军舰又走到一起了。1493年 3 月 16 日，他们一同回到了西班牙，但"宁雅"号的舰长还没受到哥伦布的惩罚，在航行途中就去见上帝了。

　急使带去的消息，早已传遍了西班牙。人们纷纷来到巴罗士港，欢迎哥伦布的归来。当他踏上海岸的时候，人们向他欢呼，钟声、炮声响个不停，倒也十分热闹。接着，在巴罗士山上的修道院里，举行庆贺大会。随后，在国王和女王派来的特使的陪同下，哥伦布一行前往王宫。

　当哥伦布步入王宫时，国王和女王从宝座上站立起来，表示欢迎，并请

哥伦布受到女王夫妇的接见

他坐在身旁，要他讲述一路的经历，而那些王公贵族和大臣们反倒站立在两边。此时此刻，哥伦布是多么得意啊，他简直是身价百倍了。

哥伦布滔滔不绝地讲着他那不平凡的经历，用尽了夸耀的言词，说他按预定计划，到达了"印度群岛"，还到了"日本"，很有把握即将到达中国，只因"平特"号开小差，"圣玛利亚"号搁浅，不得不暂时返航。还说他在"印度"和"日本"见到了许多黄金，那里有很多金矿，只要派人去开采，就可以源源不断地把黄金运回欧洲。他越讲越得意，故弄玄虚地告诉国王和女王，说他这次带回来的黄金不多，是因为没有时间到中国去，要是到了中国，那就会像马可·波罗书中所说的那样，遍地是黄金，想要多少就有多少。

国王和女王听完这位海军上将的叙述，高兴得连话都说不出来。满朝文武也个个目瞪口呆，一齐跪在地上，感谢上帝赐给西班牙如此的洪福。牧师们唱起了赞美诗。显然，哥伦布是被当做英雄来欢迎了。

哥伦布抓住这个极为有利的机会，向国王和女王提出请求，准许他再次筹备一次远航。国王和女王欣然同意。很快，一次新的、规模更大的远航开始了。

一万一千个处女岛

哥伦布率领船队，在东北信风和北赤道洋流的帮助下，满怀喜悦地顺利横渡了大西洋，来到一个群山起伏、森林茂密的岛屿登陆。这是加勒比海向风群岛中的一个小岛。由于登陆的那天是星期日，哥伦布便信口开河地把这个岛叫做"星期日岛"。星期日在西班牙语中读作"多米尼加"，从此，这个小岛就被人们叫做多米尼加岛。哥伦布在多米尼加岛没有找到黄金，便向北航行，来到瓜德罗普岛。他踏遍全岛，仍然没有什么收获。他非常失望，心想，中国和印度究竟在什么地方呢？到过的那些地方难道不是亚洲东部的岛屿吗？

他彷徨了，不知怎样是好。没有办法，只好漫无目的地率领船队朝东北方向驶去。驶过背风群岛时，遇见了许多印第安人的独木舟，但出产黄金的地方始终没有找到。这时，他想起了留在海地岛上的39名难兄难弟，便决定暂时停止寻找中国和印度，先行到海地岛去。途中，经过分布着一群密密麻麻小岛的海域，岛屿多得不计其数。哥伦布心血来潮，说这么多的荒芜小岛，数也数不过来，谁能一一给它命名呢，就叫"一万一千个处女岛"吧。"处女"二字，在西班牙语中读作"维尔京"，所以，这群岛屿也就得了个"维尔京群岛"的名字。

穿过维尔京群岛，经过波多黎各岛，船队来到离别一年多的海地岛。等哥伦布上岸找到原来建筑堡垒的地方时，堡垒已经荡然无存了，当初留下的39个兄弟也无影无踪。这是那些自愿留下来寻找金矿的西班牙人，对当地土著实行野蛮镇压而得到的恶报。西班牙人在岛上奸淫掳掠，无所不为，引起岛民的强烈不满。部落酋长忍无可忍，率众反抗，烧了堡垒，烧死了几个人。剩下的西班牙人见势不妙，乘小艇仓皇逃命，途中葬身鱼腹。

哥伦布为自己兄弟的遭遇愤怒至极，决定对印第安人进行报复。他仗着带来的骑兵和优良的武器装备，对印第安人大打出手，残酷地征服了岛上的居民，强迫他们在种植园和金矿做苦工，征收他们的贡品。这些无辜的印第安人实际上已被沦为奴隶。

西印度群岛

血洗了海地岛，哥伦布决定率领一部分人留在岛上继续榨取印第安人的血汗，派遣一部分人员和船只，把开采出来的黄金和黄铜，采伐的贵重木材和抓来的一批印第安奴隶运回西班牙，向国王和女王请功。谁知国王和女王嫌东西太少，对他的成绩很不满，便违背原来与他签订的协议，准许别人也可以到"印度群岛"去开采黄金，只要把收获的三分之一上交国库就可以了。哥伦布对此极为不满，决定亲自回西班牙保卫自己的特权。他在国王和女王面前再次扯谎，说自己已经到了亚洲，马上就可以找到中国和印度。只要到了这两个国家，肯定会带来无数的黄金、香料和其他珍宝，希望国王和女王只允许他和他的儿子获得这些财富，不能让别的任何人分享。

国王和女王再一次被哥伦布的甜言蜜语所打动，终于接受了他的建议，并且为他装备了第三次远航船队，要他务必到中国和印度去。

但是，和前两次一样，哥伦布的第三次远航仍然只是在加勒比海诸岛间辗转，连中国和印度的影子也未见到。而且，当他没精打采地重返海地岛时，留在岛上的西班牙人和当地印第安人的矛盾已发展到白热化的程度。殖民者不但没有在岛上找到更多的黄金，反而要时时提防印第安人的反抗，终日惶惶不安。很多人待不下去了，怨言纷纷，说都是哥伦布坑害了他们，把他们

骗到这个倒霉的地方来。有些人甚至驾船偷偷逃回西班牙，对哥伦布进行控告。国王和女王仍然听不到哥伦布到达中国和印度的消息，得不到他送来的更多的黄金，听到的只是水手们的抱怨和控告，十分恼怒。就在这时，又传来了葡萄牙人达·伽马绕过好望角到达印度，带回许多香料和珍宝的消息，国王和女王便断定哥伦布是个骗子，确认他发现的那个"印度群岛"完全是一派胡言。于是，下决心取消了哥伦布的一切特权，派人前去逮捕他。1500年10月，哥伦布戴着沉重的镣铐被押回西班牙。

关心哥伦布命运的朋友们对哥伦布的不幸深感不安，用了各种方法在女王面前进行开脱，说哥伦布尽管并未到达中国和印度，但他发现了"西印度群岛"。因为哥伦布坚持说他到达的那个"印度群岛"，肯定是印度附近的岛屿，而自达·伽马真正到达印度后，人们再也无法相信哥伦布的话了，只好在他发现的"印度群岛"前冠上一个"西"字，叫做"西印度群岛"。这无疑是很错误的，但这个错误的名字就这样一直不合理地沿用至今。这样，女王也就宽恕了他。

为了报答女王的恩典，1501年，哥伦布又申请第四次远航，并于1502年春率领4艘不大的帆船和150名水手西航。

亚美利加洲

哥伦布第四次横渡大西洋后，在巴亚群岛中的瓜纳哈岛远望，隐约见到南方有山脉出现，非常兴奋，断定那里一定有大陆。的确是这样，一心要寻找中国和印度的哥伦布，这次总算找到了一块大陆。但哥伦布并不知道，这仍然不是中国，也不是印度，而是中美洲洪都拉斯的海岸。就在他迫不及待地向着他心目中的"中国"和"印度"航去时，途中遇到了印第安人的独木舟，便向舟里的人打听哪里出产黄金。独木舟里的人不约而同地指向东南。

于是，哥伦布沿着中美洲海岸向东南行驶，行驶了很长一段距离，最后在洪都拉斯角东南100千米处，第一次登上了美洲大陆。可惜他没有深入美洲大陆，只在此休整了几天，就又沿海岸南下。不幸的是，他遇到了逆风逆流，老天又不停地下着雨，风也越刮越猛，航行十分困难，而船又开始霉烂，船员们的不满情绪越来越强烈。在这种情况下，要继续航行下去已是不可能了，哥伦布只好决定返航。

哥伦布的第四次航行仍然没有给西班牙国王带来更多的东西，非难他的人有增无减。多少有点偏袒他的伊莎贝拉女王又已去世，再也没什么人支持他长久不见成效的航行了。他的所获偿付不了航行的费用，于是国王下令没收他的财产以偿还他的债务。贫病交加的哥伦布绝望了。一年以后，他的病情恶化，双眼也近于失明状态。他知道自己不久将离开人世，便于1506年5月立下遗嘱。他在遗嘱中仍然坚持说自己发现了印度，并且追述了自认为显赫的功勋。他写道：

"圣灵佑助，我获得了并后来彻底明了一种思想，就是，从西班牙向西航行，横渡大西洋，可到达印度……我在1492年发现印度大陆以及大批岛屿，包括被印第安人称为海地而被摩尼康谷人称为赤潘哥的小西班牙在内……我所发现的大批岛屿，可从我的书信、笔记及地图上更清楚地看得出来。"

他写着写着，那些使他名噪一时的往事又给他带来了无穷的快乐。然而，这毕竟是无用的回忆，是一个极度衰弱的人的百无聊赖的自我安慰。当他停下了他那颤抖的笔，看着眼前的一切，仍然是那样的哀愁，没有一点儿希望的时候，他立即从短暂的梦幻般的快乐中惊醒过来，无可奈何地躺在病床上。他的心血已经耗尽了，渐渐地，这个一生都被"亚洲"的土地和黄金吸引的探险家，在1506年5月26日闭上了双眼。

就在哥伦布航行期间，一个曾为哥伦布船队服务过的叫亚美利哥·维斯普奇的人，想单独去获得巨大的财富，便邀了几个同伙，驾船沿着哥伦布的航路去海上冒险。他前后航行了4次，也到过哥伦布说过的那块大陆。但他并没有看到《东方见闻录》里叙述的情景，便断定那不是中国和印度，也不是亚洲，而是一块新大陆，并将此事写信告诉他的一个朋友。这封信偶然被一个德国地理学家读到，以为这是亚美利哥发现的一块新大陆，便在自己新绘制出的地图上把这块大陆命名为"亚美利加"。此后，其他的地图绘制者也沿袭他的这个名字。很快，亚美利加大陆便传播开来。西班牙人经过一番核对，发觉这块亚美利加大陆并不是别的地方，原来就是哥伦布首先到达的"亚洲"，因而坚持要把它改名为"哥伦比亚"大陆，以纪念哥伦布的航行。但是来不及了，"亚美利加"的名字已广为传播。

且不管新大陆叫不叫哥伦比亚大陆，但哥伦布的多次探险航行，在人类

亚美利哥·维斯普奇

认识世界的进程中还是立下了汗马功劳。他率领远航队第一次在北半球的热带和亚热带海域多次横越大西洋，并发现了藻海；他对大西洋东北信风和北赤道洋流做了较早的观测，开辟了帆船时代横渡大西洋的"黄金航线"；他为欧洲人发现了大安的列斯群岛——古巴岛、海地岛、牙买加岛和波多黎各岛，发现了巴哈马群岛中的中部各岛，包括由多米尼亚岛至维尔京群岛在内的小安的列斯群岛的大部分，以及特立尼达岛、加勒比海内的一系列较大的岛屿；他还沿中美洲海岸作了长距离航行，并且登上了美洲大陆。他的航行，对人类认识大西洋和美洲是起了先驱作用的。

麦哲伦也向往去东方发财

寻找海峡

熟悉哥伦布新发现的葡萄牙人费尔南多·麦哲伦，也和哥伦布一样坚信地圆学说。他见哥伦布一直西航未能到达东方而在无意中到达了美洲，便产生了一个新的思想。他感到，地球是圆的恐怕没有什么问题，哥伦布所以没有到达亚洲，是因为欧洲与亚洲之间的辽阔海洋里，有一块巨大的美洲大陆挡住了去路。他根据巴波亚在美洲大陆西岸发现大南海的事实，推想这个大南海与大西洋是相通的。要是能设法到大南海去，然后再向西横渡，就一定能到达亚洲。问题是怎样才能穿过美洲航行到那个大南海去呢？关键是要找一条横越美洲大陆的海峡。而这条海峡究竟存在不存在？如果存在的话，它在什么地方呢？

事实上，当时不止麦哲伦一个人有这样的想法，不少别的航海家也有类似的见解。并且还有人为寻找那条未知的海峡亲自去作过航行实践，但却没有成功。麦哲伦根据人们寻找海峡的经验，得出一个概念，认为海峡位于南美洲南部一个什么地方，于是他开始制订远航计划。

青年时代的麦哲伦，曾在葡萄牙王室的航海事务所工作过，参加过葡萄牙王室组织的远征队，沿达·伽马开辟的新航路到过印度，还在马来群岛一带进行过游历，所以对那一带的情况有一定的了解。后来，他的一个老朋友谢兰又从马鲁古群岛给他写信，说是发现了一个新世界，比达·伽马所发现的更加广大，更加富饶；岛上遍地都是香料，真可谓一群香料之岛。谢兰还为麦哲伦提供了一些航线及航线上的气象情况。

麦哲伦在制订远航计划时，参考了他的老朋友谢兰的意见，把马六甲至马鲁古群岛间的距离拉长了一倍，在确定地球周长时又少算了 3 000 千米。这样，他就把美洲西边那个大南海的宽度估计小了，认为它不会比大西洋宽。

虽然有了远航的计划，但和哥伦布一样，麦哲伦没有能力去实现。他不得不请求国王的支持。然而当时的葡萄牙国王正满足于沿达·伽马开辟的航路不断从印度掠来财富，满足于不断用武力从东方取得更多的殖民地，觉得这是最稳定最可靠的方法，而那种别出心裁的新的航行计划能否给他带来什么好处，还是很难预料的。再说，葡萄牙和西班牙两国，鉴于争夺殖民地中出现的纠纷，于 1494 年在教皇亚历山大六世的仲裁下划分了势力范围，签订了"德西里雅斯条约"。条约中在大约西经 46°划了一条界线，称为"教皇子午线"，规定线以东属葡萄牙的势力范围，线以西属西班牙的势力范围。这样，全部非洲和亚洲大陆都包括在葡萄牙的势力范围内，有极其辽阔的土地可以掠夺，暂时不必西航去侵犯西班牙人的利益。因此，麦哲伦的西航计划遭到了葡萄牙国王的拒绝。

麦哲伦怀着愤怒的心情离开葡萄牙，带着航行计划去西班牙寻找支持。

对西班牙来说，"教皇子午线"把它的势力范围限制在西经 46°以西，即南美洲、中美洲和加勒比海一带。这些地方在富庶方面无论如何不能和印度相比，因此，西班牙国王很想远征到富庶的亚洲，特别是马鲁古群岛（当时称香料岛）一带去寻求财富。可是，这要越过葡萄牙人管辖的海域，会违反"德西里雅斯条约"。国王手下的大臣们建议说，既然流传地球是圆球的说法，那么，不往东走，一直向西航行，也可以到达香料群岛。麦哲伦的计划正是

这样，他来得正是时候。

多灾多难

麦哲伦向西班牙国王呈上绘制得相当精细的彩色地球仪，说明他的航线是一直向西，不必侵犯葡萄牙的势力范围就可到达香料群岛时，国王高兴极了，立即批准了他的计划，答应为他装备远航舰队。

1518 年 3 月 21 日，西班牙国王查理一世与麦哲伦签订了关于发现香料群岛的协定。协定中规定由麦哲伦担任他所发现的岛屿上的总督，并可将这个头衔传给子孙后代，麦哲伦有权从他所发现的岛屿和大陆获得的一切利润和收入中，除去航行费用外，享受二十分之一，在今后十年内，不允许他人沿着麦哲伦选定的航线去探险。

欣赏一段当时的那份协议，也是很有意义的事。协议的一段是这样写的：

"为了给你们以最大恩惠，朕愿意，如果在你们发现的岛屿已超过六个的情形下，你们六中取二，而且此后获得当地应交给朕的全部收入、租税的十五分之一。"

"为了补偿你们在这次航行中的劳绩和负担的费用，朕愿赐给你们恩惠，因此许可你们从第一批舰队运到的一切东西中，自己留下五分之一。"

"为了能更好地执行上述的一切以及航行能成功，朕命令装备五艘船：130 吨的两艘，90 吨的两艘和 60 吨的一艘，保障供应人员、必需的储备和炮。"

"朕以本国国王的诺言对你们吩咐上述的一切，并命令对你们颁发由朕签字作证的这一协定。"

由此可见，西班牙国王对麦哲伦的西行是相当重视的。

麦哲伦在西班牙国王支持下进行远航的消息，早有密探向葡萄牙国王告了密。又嫉妒又恼怒的葡萄牙国王怎肯罢休，密令其驻西班牙的一个领事阿尔瓦利什，要他千方百计进行破坏，阻挠舰队出发。

阿尔瓦利什接到国王的秘密指令，随即找到麦哲伦，对他进行威胁利诱。他对麦哲伦说：

"您是葡萄牙人，为什么要替西班牙效劳?"

麦哲伦气愤地回答："因为葡萄牙国王拒绝了我的请求，我才跑到西班牙来。"

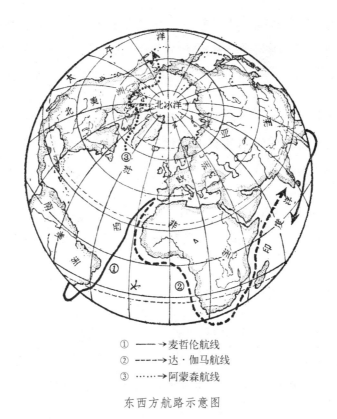

① ──→麦哲伦航线
② ----→达·伽马航线
③ ……→阿蒙森航线

东西方航路示意图

"我以为，您不必去冒向西航行的危险，地球是不是圆的谁也不知道，要是您航行得太远，掉进海洋无底洞，岂不是身败名裂？"

"我坚信地球是圆的，确信我的航行能够成功。"麦哲伦坚定地说。

"我劝您不要一时激动就去干那种冒险的事，您最好是回葡萄牙去，国王会帮助您。这是最好的办法。"

"我不需要别人的劝告，我自己知道怎么做。"麦哲伦态度非常坚决。

阿尔瓦利什见威逼利诱不成，便对麦哲伦的准备工作暗中进行破坏。

他用了大量金钱，到处贿赂，唆使西班牙贸易局的人员为麦哲伦的远航队购买了几艘百孔千疮的破旧船只，装上发霉的面粉、糖和发臭的咸牛肉，还派了许多奸细混入远航队伍，要他们制造事端，挑拨水手间的不和，甚至组织叛乱。这一切，麦哲伦全然不知。1519 年 9 月 20 日，带着巨大的隐患，麦哲伦率领舰队从西班牙桑卢卡尔港出发，向加那利群岛驶去，他们一共有 5 艘军舰，256 人。这些船只不仅破烂不堪，载重量也不大，最大的"圣安东尼

奥"号不过 120 吨，旗舰"特里尼达"号只有 110 吨。其他 3 艘更小："康塞普逊"号 90 吨，"维多利亚"号 85 吨，"圣地亚哥"号 73 吨。

舰队到达加那利群岛后，围绕横渡大西洋的航线问题发生了激烈的争论，使麦哲伦很伤脑筋。

麦哲伦认为，既然哥伦布无意中利用了东北信风和赤道海流，为什么后人不能自觉地享受它们的便利呢？因此他主张船队向南驶，然后在信风区转向西行以利用顺风、顺流加快航行的速度。表面看来这样走了远路，实际上可以节约时间。

奸细们明知这个方案有利，但为了制造事端，便故意反对，因此引起争吵。正当双方争论不下的时候，一艘快艇为麦哲伦送来一封信，麦哲伦才恍然大悟。

这究竟是怎么回事呢？

原来，舰队起航后，那些奸细们的家属幸灾乐祸地对他们的亲戚、朋友泄露了秘密，说是要在航行中进行破坏，迫使船队返航，甚至把麦哲伦杀死。消息传到麦哲伦的妻子和岳父的耳中，他们非常焦急，马上派了一只快艇追赶船队，给麦哲伦送信，要他注意提防。还点出了一些奸细的名字，特别要他当心"圣安东尼奥"号舰长卡尔塔海纳。

麦哲伦接到信后，才知道这场争吵的背景，便采取果断措施，把寻衅闹事的为首分子——卡尔塔海纳看管起来，命令舰队沿着自己预定的路线南下。当舰队进入信风区后，又转向西行，借着东北信风和北赤道洋流的帮助前进，于 11 月 29 日横渡了大西洋，到达南美巴西海岸。

找到了通往东方的大海峡

麦哲伦的计划是寻找穿越美洲进入大南海的某个地方，所以一渡过大西洋，他就命令舰队沿南美东岸向南驶去。但航行了好几个月，也没有找到海峡。眼看南半球的冬季即将来临，天气将越来越冷，麦哲伦认为不宜继续航行，便在南纬 $40°30'$ 的地方找了一个平静的但十分荒凉的港湾过冬，并把它取名为"圣胡利安港"。

圣胡利安港的冬天荒凉阴冷而潮湿，人们对前途非常失望，开始产生不满。加之，为了节约粮食，麦哲伦又命令大家缩减口粮，更引起人们的不安。

麦哲伦船队发现并命名火地岛

奸细们趁机活动了，他们暗中煽动，唆使人们向麦哲伦要求增加口粮，或者干脆返航，不要去找什么海峡了。他们还串通起来，准备把麦哲伦杀掉。由于麦哲伦掌握了破坏者的底细，有了警惕性，很快，挫败了奸细们的阴谋，麦哲伦的卫士长当场刺死了叛乱首犯之一——缅多萨。为了杀一儆百，麦哲伦将缅多萨分尸，并把另一个首犯处以极刑，斩首示众。

这样一来，局势基本得到稳定，心怀不满的人也只得暂时夹起尾巴做人。

冬天将尽时，为了给继续航行作准备，麦哲伦命"圣地亚哥"号前去探航，但不幸这只船在探航途中沉没。这样，麦哲伦只好率4艘船去寻找海峡了。

10月21日，他们在南纬52°处发现了一个很深的湾口，便命"圣安东尼奥"号和"康塞普逊"号两船前去探航。4天后，它们回来报告说："发现一条水流湍急的水道，而且水是咸的。"麦哲伦听了很高兴，猜想这很可能是通往大南海的海峡，便命令4艘船一起西进。船队在迂回曲折的狭窄水道里航行，把两岸荒芜的港湾和悬崖峭壁抛在后头。后来，在一个皎洁的月夜，人们在左岸（南岸）隐约见到有许多上升的轻烟。船员们想无火不起烟，那烟必定是当地居民生起的一堆堆篝火，便把起烟的地方叫做"火地"，也就是现

在南美洲南端的"火地岛"。

　　船队在水道里航行了好几天，仍然不见尽头，不安的情绪又在水手们中间蔓延开来。由于奸细们的威迫，"圣安东尼奥"号趁探航之机，逃回西班牙。回到西班牙后，奸细们对麦哲伦造谣诬蔑，致使西班牙国王把麦哲伦的妻子、岳父软禁起来，不断进行审问。后来，麦哲伦的妻子忍受不住侮辱与折磨，在远航队返航前不久就死去了。

麦哲伦海峡

　　"圣安东尼奥"号叛逃后，麦哲伦并不气馁，继续航行。经过大约一个月，于同年11月28日终于见到了水道的尽头，一片浩瀚无垠的大海在人们面前展现出来。这就是说，人们几十年来努力探索的这条连接大西洋和大南海的海峡终于找到了。为了纪念麦哲伦的航行，后人便把这条海峡命名为"麦哲伦海峡"。

　　驶出海峡，船队转向西北，因为麦哲伦感到海峡的位置很南，而香料岛在热带地区，现在已进入大南海，就应当朝北航行。

　　船队越过赤道，转而向西，一连三个多月，都没有遇到什么风暴，海面平静极了，水手们都很高兴，说真是太平之洋呀！从此，人们便把这个"大南海"叫做"太平洋"了。

　　实际上太平洋也不是那么太平的，许多地方都有比较大的风浪，只是因为麦哲伦的航行路线接近赤道，而且正好是春季，风浪相对平静些罢了。

这不是亚洲吗

　　制订航行计划时，麦哲伦以为大南海并不比大西洋宽，只要渡过了海峡，很快就可以到达彼岸。谁知道花了三个多月，还见不到陆地的影子，不少船员的情绪又开始波动。更严重的是，吃的东西越来越少，人们只有吃长满了蛆虫和掺杂着老鼠屎的面包屑，喝又脏又臭的水。一些人得了坏血病，很快地死去。后来，面包屑也吃完了，只得用海水把牛皮浸软了充饥。捉到几只老鼠，要算高级食物了。在这种情况下，有人提出回西班牙。但麦哲伦坚信地球是圆的，只要一直向西航行，香料岛肯定能够到达。他说，即使船上的牛皮统统吃光了，也还是要前进。

3月5日，船上果然连牛皮也吃光了，水也没有了，许多人无法动弹，一个接着一个死去。这时候，活下来的人，多么希望能尽快找到陆地啊。

第二天，陆地终于出现在他们的远方。那陆地就是马里亚纳群岛。岛上的土著居民慷慨地给船员们食物和其他东西。由于他们处在原始社会，根本不知道什么是私有，因而不客气地从船上拿走了他们觉得新奇的东西。对此，西班牙人十分恼怒，诬蔑土著为"强盗"，并把这群岛屿叫做"强盗群岛"。同时开始对岛上居民进行野蛮的杀戮，烧毁他们的房屋，抢劫他们的财物，然后扬长而去。

过了一个多星期，3艘船来到菲律宾群岛，在胡穆奴岛上登陆。在这里作了一次较长时间的休养，又于3月25日到达马索华岛。在这里，麦哲伦见到他从马六甲带来的奴仆亨利，竟能与当地土著居民说话，不觉猛然醒悟过来：原来他已经来到说马来语的民族中间了，他已经踏上了亚洲的土地，他的目的已基本上达到了。

麦哲伦见这些群岛土地肥沃，物产丰富，便起了扩张的野心，想把它变成西班牙的殖民地。他一面假借传播基督教来拉拢当地一些酋长，一面又用卑鄙的方法从中挑拨离间，制造各岛屿之间的不和，使各部落之间发生战斗以便从中渔利。他支持并唆使宿务岛上的土王胡马波纳进攻马克坦岛，而胡马波纳也很想利用麦哲伦的势力去征服对方。但事与愿违，他们失败了，麦哲伦本人也在一次战斗中被马克坦岛上的土著居民杀死了。

麦哲伦的死，使土王胡马波纳的指望落了空。他没有必要再讨好这些吃了败仗的西班牙人了。为了除掉后患，他们将计就计，说是要进行慰劳，请船员们前去赴宴，结果暗中埋伏，把赴宴者杀得一个不留。

幸存者见势不妙，立即解缆，把"康塞普逊"号烧毁，乘"维多利亚"号和"特利尼达"号逃之夭夭。他们向西南方向航行，想去寻找香料群岛。而实际上他们的航线过于偏北，早已越过了香料群岛的纬度，到了香料群岛

的西北面，他们向西南方向航行怎么能寻得到呢？这样，几经周折，在海上漫无目的地漂泊了好久，最后才在当地土著居民的指引下，于1月8日来到香料群岛中的提多尔岛。当人们见到岛上满目苍翠、丁香、肉豆蔻、肉桂、胡椒、生姜、香石竹等香料到处皆是时，个个情不自禁，兴奋至极，说这真不愧为香料之岛呀！于是，鸣炮致庆，欢呼胜利。至此，麦哲伦虽死，但他一直向西航行到达东方的想法总算实现了。

西班牙人登岸后，用船上的所有来交换香料。全岛的干丁香都收集完了，还嫌不够，又请求国王帮助他们到邻近去收集。但这样一来，交换的物品没有了，这些西班牙人就把身上穿的衣服也脱下来，终于，换得了满满的两船香料。

香料群岛一带的富庶，使得西班牙国王垂涎三尺，总想攫为己有；而葡萄牙人也欣羡不已，于是，争夺在所难免。两艘西班牙船到达提多尔岛时，该岛正落入葡萄牙人之手。葡萄牙获知有两艘西班牙船前来他们的势力范围寻财夺宝，岂能容忍，便赶紧派船只前去拦截。西班牙人闻讯立即起航，不料"特里尼达"号严重漏水，无法成行。"维多利亚"号在麦哲伦的卫士长埃里卡诺的率领下，于1521年12月21日匆匆离去。

经过半年多的航行，1522年7月13日，"维多利亚"号终于横渡印度洋，绕过了好望角，到达佛德角群岛。由于临行仓促，没有来得及带上足够的食物淡水，所以在途中大部分船员都因饥饿和患坏血病死去了。到达佛德角时，只剩下30个人了。

当12名西班牙人登岛上岸后，立即遭到该岛占有者葡萄牙人的逮捕，未上岸的18个人不得不匆匆驾船逃命。

1522年9月6日，这18个人，其中包括埃里卡诺和一名菲律宾少年水手恩利盖，总算又回到了出发地点——西班牙的桑卢卡尔。他们是有史以来第一批真正环绕地球航行一圈的人。从1519年9月20日出航，到1522年9月6日返航，总共历时3年。但是，鉴于麦哲伦是这次航行的总指挥，有些人总是把麦哲伦誉为第一个环球航行的人。

虽然关于地球是圆球的说法很早就有所流传，但真正相信的人并不多。麦哲伦船队第一次以实际的航行绕地球一圈，无可辩驳地证实了地圆学说的正确性。

正如古代一些相信地圆学说的学者所预言过的，无论背着太阳或是向着太阳一直向前，最终会回到原来出发的地方，现在，这个预言终于被证实了。从此，再也没有人相信大地无边、海洋无底的谬说了。人们对地球的面貌，特别是对海洋的概况有了比较正确的认识。原来欧洲人心中一直通往亚洲的那个大西洋，只是一个并不十分宽阔的大洋，而且它并不连接亚洲，它的西面是一块"新大陆"——美洲。

为了表彰首次环球航行的成功，西班牙国王制作了一个圆形的地球仪，把它送给18位远航归来的勇士，对他们说："你们第一个拥抱了它！"

奇特的纪念碑

后来，在菲律宾马克坦岛麦哲伦遇难的地方，建了一座纪念亭，亭内立着一块石座铜碑。这块碑应该怎么写呢？是颂扬他的功绩，还是记录他的罪恶？西班牙人当然会选择前者，而菲律宾人肯定会选择后者。如果你有机会去那里参观，你会惊奇地发现，石碑的正面和反面竟然有截然不同的两篇碑文，一篇写给麦哲伦，一篇写给杀死麦哲伦的当地英雄拉普拉多。

正面碑文写着：费尔南多·麦哲伦。1521年4月27日死于此地，他在与马克坦岛酋长拉普拉多的战士们交战中受伤身亡。麦哲伦船队于1522年9月6日返回西班牙，第一次环球航海就这样结束了。

反面碑文写着：拉普拉多。1521年4月27日，拉普拉多和他的战士们，在这里打退了西班牙入侵者，杀死了他们的首领费尔南多·麦哲伦。由此，拉普拉多成为击退欧洲人入侵的第一位菲律宾人。

同一块墓碑，两面的主人是一对曾经的敌人，为了各自心中崇高的信仰而战，即使倒下，两人也没有分开。他们成为了各自的英雄，一个是写进教科书的伟大航海家麦哲伦，一个是捍卫主权的民族英雄拉普拉多，他们的死具有同等壮烈的意义。看来设计者的确颇费匠心，因为这样一来，西班牙人满意，菲律宾人也满意。

达·伽马、哥伦布和麦哲伦等人的航海探险，大大改变了人们对海洋的认识，发现了许多过去不知道的大陆和岛屿，使人们对地球及其海陆的面貌有了越来越客观的了解。欧洲人将这一时期称为伟大的地理大发现时代。

对冰洋的不懈探索

缓慢地征服冰洋

　　地理大发现固然是件幸事，它确认了地球是个圆球，也使人们对地球上海洋和陆地的分布状况有了进一步的了解，但是，由于恶劣的环境，人类对地球的两端是个什么样子，还很不清楚。欧洲人感到，新大陆横亘在茫茫大洋之中，挡住了他们从海上寻找富庶东方的去路，很是无奈。不少有识之士想，既然地球是个圆球，那么，穿越它的两端，不就可以开辟东西方之间最短的航路吗？于是，探索通往北极航路的活动加紧进行。其实，这种探索活动在很早以前就已开始，皮塞亚斯就曾经从地中海出发，向西航行，穿过直布罗陀海峡，然后向北，直奔英格兰和苏格兰，又由苏格兰航行到了一个叫"苏里"（最边远的陆地）的地方，那里的仲夏之夜只有2～3个小时。一般认为，第一个有历史记载的进入北极地区的维京人奥塔尔，他于公元870年前后曾航行至巴伦支海，并发现了白海。维京人还航行到了冰岛。后来，一个叫艾利克的人还发现了格陵兰岛。

　　格陵兰岛的大部分位于北极圈内，当时的居民点主要集中在其南部沿海一带，而其大部分的北极圈内的地区尤其是广阔的冰雪海洋，却是渺无人烟。人类对北极的认识，仍然停留在猜测和想象之中，并没有人前去探索。但是，为了追求东方的巨大财富，人们才开始想到要从那里开辟最短的航路，于是，进军北极的热情便高涨起来。探险家们纷纷冒着生命危险踏上征途，帆船的航迹也开始在寒冷而神秘的冰雪之乡不断北移。

　　英国探险家约翰·戴维斯和威廉·巴伦支是北极航路的一批较早的探索

者，他们先后于 1585 年和 1616 年深入到北纬 72°12′~77°45′ 的前人从未到达过的海域，因此人们便把格陵兰西侧的海峡与海湾分别命名为戴维斯海峡和巴伦支湾。不过他们的航船被极海中无尽的冰山和浮冰所阻，不得不返航。

18 世纪，著名的英国航海家詹姆斯·库克航行到了太平洋最北端的白令海峡，回来后他报告说，无论是向东还是向西，都无法找到进入北极地区的无冰航道。无疑，这话给北极海的探索者们泼了一盆冷水。

1819 年，勇敢的英国航海家爱德华·帕里冒险冲入冬季的冰封区，眼看就要进入通往北极的西北航道，但由于无法冲破冰海，最后不得不在一个冰封的狭窄航道面前退缩。

通往极海的道路异常艰辛。为了鼓励人们探索的积极性，英国政府宣布设立两项巨奖：2 万英镑奖给找到西北航道的人，5 000 英镑奖给第一艘到达北极 89° 的船只。奖金的数目在当时是非常高的，因而具有巨大的吸引力。这样一来，北极探险再次掀起热潮。

英勇献身的人们

在再次掀起的探索冰洋的热潮中，不少人献出了宝贵的生命，英国极地探险家约翰·富兰克林就是极负盛名者之一。

1822 年英国的"珍妮"号和"波弗埃"号驶向南极圈

　　1844 年，富兰克林率领一支 129 人的庞大探险队，乘坐当时动力最大、装备最好的两艘 3 桅帆船，370 吨的"黑暗"号和 340 吨的"恐怖"号前往北极探险。这两艘船尽管装备有蒸汽机、螺旋桨推进器，还装备了前所未有的热水管系统，仍然对付不了那些飘忽不定、变幻无穷的浮冰的夹持和挤压，最后还是在塞满冰块的一个狭窄水道里进退两难，无法脱身。滞留两年后，终于被挤成了碎片，探险队员们不得不弃船徒步南撤。在这时，另一种厄运——坏血病以及寒冷、饥饿和极度的疲惫又降临到了他们的头上。

　　一天晚上，暴风雪整整怒吼了一夜，冰块不停地发出碎裂的声响，令人毛骨悚然。一早起来，他们的船也全部散架了。他们只得把粮食从碎冰中搬到小舢板上，准备拉到岸边。但是，这段路很长，也很艰难，有 4 个人不幸沉到冰块下，搭救也来不及，因为浮冰一下子就在落水人的头上合拢。

　　到了陆地，这些探险家也没有什么可高兴的，这里荒无人烟，只有覆盖着冰的岩石和冰原，要走几个星期才能到达美国人的收购站。他们的粮食不多了，但却有坚强的意志力。富兰克林鼓励同伴们趁着极地的长夜还没到来，赶紧向南行进。

　　可是没过几天，他们的粮食吃完了。寒冷和饥饿又使两名水手死去了。但不久，他们瞧见了一所小房子，于是大家鼓起劲儿，跑了起来。到了小屋跟前，见门是敞开着的，里面什么也没有，只是在墙边有一架白熊的骨骼，骨头上还有一点干在上面的肉。人们一见，就贪婪地扑上去。富兰克林劝阻大家，吩咐把肉刮下来，分着享用。

　　人们在小屋里过了一夜，第二天又往前走。但此时他们一点可吃的东西都没有了。每一次休息，总有几个人无声无息地死去。

　　就这样，129 位探险者无一生还，富兰克林本人也长眠在冰雪之乡。

　　悲惨的遭遇几乎惊动了整个世界。为了进行营救，人们做了一次长达 10 年之久的历史上最大的搜索，动用了一切营救手段。最后找到的只是探险队员们僵硬的尸体和遗物。

　　富兰克林探险队虽然失败了，但他们曾深入维多利亚海峡，为以后开辟航路立下了功劳。之后的 10 年，大约有 40 支探险队，继续进行了北美极地区域的探险，所获得的极地区域的知识，要比过去 200 年获得的还要多。

　　1879 年 7 月 8 日，美国海军上尉乔治·华盛顿·德朗率领"珍妮特"号踏上了北进的征途。不巧的是，它很快就在赫勒尔德岛附近遇到了密密麻麻的浮冰。到 12 月 1 日，船体被结结实实地冻在冰里。德朗采用了各种方法，想使船体摆脱冰块的夹持。他们开足马力，抛掉压舱物，甚至用炸药爆破冰块，但"珍妮特"号就是不肯动弹。20 多个月过去了，它只漂移了 500 千米。1881 年 6 月 10 日将近午夜时分，德朗突然被一连串巨大的震响惊醒。他连忙起身，迅速冲上甲板，发现四周的冰块蜂拥而至，像铁钳一样把船牢牢钳住。几天过去了，铁钳丝毫不肯松开，德朗不得不下令弃船。

他带着足够 33 人的应用装备——3 只小艇，6 架雪橇，22 条狗和够两个月吃的口粮，开始向正南方向——西伯利亚进发。经历千辛万苦，终于来到了开阔水面的边缘。以后，一条小艇倾覆，一条在西伯利亚的一个村庄登岸，德朗和他的一班人乘坐的那条，也于 1881 年 9 月 17 日在勒拿河口登陆。这时他们已经到了山穷水尽的地步，口粮只剩 4 天的用量，人们又都受到严重的冻伤。但德朗仍然保持着惊人的毅力，命令队伍继续南进。路途极其艰险，不时有人悄悄地死去。到 10 月 8 日，只剩下 13 个人了，德朗本人也虚弱得难以动弹，于是决定派出 2 个人前去寻援。

派出去的 2 名寻援人员果然活着到达了有人居住的地方，但已经神志不清，说话毫无条理了。见此情景，人们立即派出搜索队，但没能找到困在冰天雪地中的探险队员。德朗的尸体直到第二年春天才被发现，旁边还摆着一本他拼着命保存下来的航海日志。

19 世纪探险史上惨遭不幸的第三支探险队，是阿道弗斯·W. 格里利少校率领的探险队，这是 1881 年夏，美国派出参加"国际地球极年"活动的两支探险队之一。

1882～1883 年"国际地球极年"活动的目的，不是刷新纪录或拿下极点，而是收集前哨基地的科学数据，连续 12 个月对天气、气候变化和其他有地球物理意义的现象作详细记录。在这一极年中，各国共派出 15 支科学考察队分别到南极和北极预定的地点开展工作。各国共计 34 个固定观测所也参加了这次国际科学活动。

1881 年夏，"海神"号把格里利探险队的 26 名人员送到了埃尔斯米尔岛北部迪斯弗里港预定的观测站。这里的居住条件极好，猎物也十分丰富，在短促的夏季，一些野花杂草争芳吐艳。探险队员们除了执行规定的观测外，

还秘密地进行着探索北极的工作。他们暗下决心，至少要打破由英国人于1875～1876年间，在北纬83°附近创造的探险纪录。结果，全队有3人到达了北纬83°24′的地方，打破了英国人所创造的探险纪录。

他们满怀信心地等待着支援队的到来，但直到第二个冬季，也未见任何消息。格里利决定南撤。1883年8月9日，他们拔营向300千米以外的萨拜因角退去，那里应该设有存放贮备品的仓库。可是，当他们精疲力竭地到达萨拜因角时，却什么也没有找到。夜里，他们只好蜷缩在萨拜因角外贝德福德皮姆岛上一艘倒置的救生艇下。白天，他们四处搜索粮食贮藏地，但除了更多地消耗体力外，一无所获。两个因纽特人外出狩猎时相继死去，活着的人开始被迫用海藻、地衣、沙蚤甚至皮带充饥，景况相当悲惨。到次年6月的第一个星期，活着的人就只剩格里利和一名军士以及几名士兵，总共7个人。

就在这时，支援队总算来了。他们掀开破烂的帐篷，首先看到的是一个死人的呆滞的眼睛，在那死人的对面，跪伏着一个胡须长乱、面孔黝黑的人，他穿着一件肮脏破烂的晨衣，戴着一顶红色的便帽，毫无反应，茫然若失地瞪着眼睛。他，就是格里利少校。

第一次进逼北极点

无数次的失败和英勇献身，为后来的北极探险者带来了丰富的经验和成功的希望。1893年挪威探险家南森根据"珍妮特"号遇难的经历，设计了一艘新颖的船，没有龙骨，底是半圆形的，认为这样的船不怕浮冰的挤压，不会重蹈"珍妮特"的覆辙，并把这艘船命名为"弗拉姆"号，是前进的意思。南森想让这样特殊的船冻在冰里，随浮冰一起漂向北极，做一次新奇的旅行。因为北极地区一片茫茫冰雪，在冰雪下面究竟是陆地还是海洋，人们并不十分清楚。有人说是陆地，有人说是海洋，可是谁也拿不出有力的证据。南森这次探险的目的之一，就是想在这次漂流中把这个问题搞清。

他根据在东部西伯利亚沿岸被冰挤碎的"珍妮特"号的碎片，于5年后漂移到格林兰东岸的现象，以及人们经常在格林兰海域见到冻在冰里的西伯利亚枞树的事实，设想有一支自东西伯利亚沿岸，横跨北极点附近地区，流到格林兰东岸的海流，"珍妮特"号的碎片和西伯利亚枞树就是这支海流带到格林兰东岸的。根据这一设想，南森认为，如果让这条不怕挤压的"弗拉姆"号船冻在冰里，不是可以被浮冰带到北极点么？

1893年6月24日，"弗拉姆"号在勒拿河三角洲以北，北纬77°44′处冲入冰海。在密密麻麻的浮冰包围中，"弗拉姆"号果然不出所料，没有被冰挤碎。因为"弗拉姆"号的形状像半个西瓜那样，当冰的压力过大时，它会被挤出冰面，压力一旦减小，它又会回到冰块之中。就这样，"弗拉姆"号平稳地随冰向前漂泊着。

漂流得虽然很顺利，但从漂流的路线来看，南森发现，他们的船不可能漂到北极点附近了，他不得不重新制订计划。1895年3月14日，他和雅尔马·约翰森下了船，带着狗、雪橇以及2条皮船和足够100人用的粮食，弃船走险了。

往后的日子，正像南森在日记中写的，不是越过一个个布满碎石堆的山脊，就是陷身于一望无际的冰雪世界。直到4月8日，天气突然变暖，迫使他们回头南行。其实，此时他们已到达北纬86°14′，离北极点不过224海里。这是人类在19世纪深入北极区最远的一次。8月底，他们到达法兰士约瑟地，并决定在那里穴居过冬。

南森和约翰逊在石屋整整住了8个月，靠猎取北极熊和海象为生。开春又继续南行，途中遇见了英国杰克逊·哈姆斯沃恩的探险队，并随他们一同回国。凑巧的是，"弗拉姆"号居然在同一年的8月13日——南森和约翰森登上挪威陆地的同一天，在斯匹次卑尔根岛北面冲出冰块包围。这艘坚固的小船，在经历35个月的航行后，终于载着它的成员凯旋，全体探险队员竟无一人伤亡。

这次探险使他们明白，北极并非一块大陆，而是一片充满冰雪的汪洋大海。"弗拉姆"号从西伯利亚海岸出发，最北漂流到北纬85°55′，出现在北极海盆的大西洋一边。就这样，南森成了深入北极心脏地区的第一人。

谁最先开辟冰洋航路

南森在探索北极中立下了汗马功劳，但仍然没有达到开辟极海航线的目

的，也没有踏上北极的极点，这不能不说是个遗憾。而这两项重任，是由极地探险的后起之秀，南森的崇拜者，年轻的挪威探险家阿蒙森和年过半百的美国海军上将皮里完成的。

阿蒙森从小就崇敬南森，在南森的帮助和启示下，决心去北极探险，开辟极海航路。他仔细研究了前人失败的教训，认为失败的原因主要有三点：一是船太大，二是人太多，三是航线过于偏北。船太大，操纵不灵便，容易陷在冰里或触礁；人太多，行动不方便，耗粮也多；航行过于偏北，容易为浮冰围困，也容易受到岛屿的阻挡而迷航。因此，他只买了一艘 47 吨的小船，取名叫"约阿"号，只聘了 6 名水手，便于 1903 年 6 月 16 日开始了他的开辟北冰洋西北航道的探险。

轻巧灵活的"约阿"号果然不负阿蒙森所望，顺利地穿过了浮冰的阻隔，开进了兰开斯特海峡。然而，这时风浪大作，"约阿"号虽然对付浮冰有方，但在狂怒的海洋面前却是一筹莫展。

有一次，巨浪把它摔到暗礁上，把它的几根副龙骨撞断，紧接着又把它向另一块更大的礁石推去。眼看"约阿"号将像"珍妮特"号一样粉身碎骨，心急如焚的阿蒙森急中生智，命令把甲板上的所有粮食全抛入大海，以此来减轻船的重量，使之向上浮升。这一着果然灵验，体重减轻的"约阿"号顿时变成了一叶轻舟，在风浪的裹挟下高高浮起，从暗礁的顶部一擦而过。一次新的撞击避免了！7 个年轻人兴奋地跳着，唱着，互相拥抱，庆幸战胜了死神的挑战。

还有一次，当"约阿"号在密如星辰的岛屿间穿行时，风浪把它的舵钩挣脱了。顿时，"约阿"号变成了一匹脱缰的野马，盲目地向着一块巨大的岩石冲去。眼见用毕生的精力组织起来的探险，就要走向毁灭，阿蒙森心如刀绞。然而，天无绝人之路，正当他无可奈何地静待死神来临之际，一声充满希望的喊叫在他耳旁响起："舵好用了！"说时迟，那时快，只见"约阿"号在面对死亡的一刹那，突然轻巧地来了个 90°大转弯，在岩石边轻轻擦过……

就这样，阿蒙森小心翼翼地驾着他的"约阿"号，同浮冰、风浪顽强地搏击着，在北极地区度过了 3 个寒冬。1906 年 9 月，他们终于穿过了北极海区，从大西洋来到了太平洋的威尔士角，打通了 400 多年来人们梦寐以求的东西方之间的极海西北航路。阿蒙森成为北极探险史上第一位优胜者。

谁第一个到达北极点

阿蒙森要攀登极点

挪威极地探险家阿蒙森开辟了北冰洋西北航路后，并没有停止前进的脚步。他想，虽然西北航路已经开通，但北极的情况人们了解得还不多，尤其是北极的极点还没有人到过，探险工作不应当停止。于是，他开始筹划一次新的探险，向北极极点进军。

这一次，他的境遇和以前大不相同。因为成功开辟了西北航路，阿蒙森在挪威已是赫赫有名的人物了，对他的再次探险，政府、社会团体和私人都愿意给予支持。很快，他就得到了一大笔捐款，还有仪器、装备和物品。他不必再为经费的事四处奔波，可以专心致志地着手进行各种技术准备了。

他仍然遵从先前的原则，船不要大，人不要多，这是他取得成功的主要经验。因此，尽管有足够的经费，他也不准备购买新船、大船，而是看中了南森用过的那艘"弗拉姆"号，觉得只要对它做一点改装就可以了。之后，他就开始专心致志地物色随行人员。

由于他的成功和名望，想要加入探险队行列的人非常之多，但阿蒙森只从中精选了20人，这都是些身体最为强壮、最能吃苦耐劳和有丰富北极航行经验的人。

对于航行路线，阿蒙森也做了周密的考虑，征求过各方面的意见。他决定不重复走西北航路的老路线，而要去开辟另一条航路，从挪威沿大西洋东岸南下，绕过南美洲南端的合恩角，进入太平洋，然后北上，来到白令海，在巴罗角附近进入冰区，并由此向北极极点挺进。

一切准备就绪，"弗拉姆"号定于1909年秋季起航。

突如其来的打击

出发的日子一天天临近，阿蒙森的心情也越来越激动。可是，就在9月的一天早上，当他上船进行临行前的检查时，忽然听到码头上有人在高声地喊他。他走到船边，只见一个水手挥动着一张报纸，神色慌张地嚷道："重要新闻！重要新闻！"

阿蒙森还没来得及猜想一下是什么消息，那人已经快步登上了甲板，把报纸递给他。阿蒙森打开报纸，一排醒目的大字立即出现在眼前："1909 年 4 月 6 日，美国海军上将皮里到达北极！"

这真是一个晴天霹雳！阿蒙森眼前一片漆黑，沸腾的热血顿时冷却下来。他手脚瘫软，心乱如麻，手中的报纸也不由自主地落在甲板上。

这究竟是怎么回事呢？

皮里也要探极点

原来，皮里也是一个有着雄心壮志的美国极地探险家。他对于南森所做的工作并不以为然，对于阿蒙森去开辟北冰洋西北航路，也觉得没有多大意义，他的目标是直接向北极极点挺进。

皮里对早期的探险家如哈德逊、戴维斯等人的工作也是有看法的。早期的极地探险家们大多认为极地的冬季非常可怕，主张只有在夏季才能乘船北进，所以，为了争取时间，就必须匆匆而去，又匆匆而回，大部分时间都花在往返跋涉上面，效率非常低。皮里偏偏不信这一套，他敢于冲破陈规陋习，认为北极的冬季也未必可怕，相反，这正是探险的好季节。因为夏季冰面融化，道路凹凸不平，而冬季的严寒则可以使冰面坚硬而平滑，使冰盖面积扩大，提供了狗拉雪橇达到北极点的可能性。

皮里决心用这种全新的方式，轻装上阵，去冲刺北极极点。

1901 年，他率领探险队到达了北纬 83°54′，由于拉雪橇的狗极度疲乏，只得返回。1902 年，他再次出发，也没有成功，这次只比上次向北多走了 37 千米。1906 年他第三次出发。这次他到了北纬 87°07′的地方，离北极点只有 273 千米，可惜仍然没有成功。

虽然 3 次失败，但皮里没有灰心，他要作第四次冲刺。

百折不挠

1908 年 7 月，他乘"罗斯福"号出航，到达埃尔斯米尔岛北端，那里离极地 669 千米。然后，他带了 23 个人，其中包括 17 名因纽特人，还有 123 条狗，舍舟登陆，乘狗拉雪橇向北极极点进发。他把大多数人编为支援队，自己和助手马修·亨生以及 4 位因纽特人作为主力，还有几条最好的狗，而支援队是要分期分批返回基地的。

1909 年 4 月 1 日，离极点只有 214 千米。于是，他命令最后一批支援队返回，只剩下 6 名主力队员。这天，天气非常晴朗。他想，如果这样的天气能再持续 3 天，那该有多好。但天有不测风云，谁知道往后的日子能否从人愿呢。为了防万一，他命令以最快的速度朝极点奔去，规定每天走 40 千米。这是很艰巨的任务。但人们为胜利所鼓舞，都拼命向前。

4 月 6 日 10 点钟，他们到达北纬 89°59′。尽管极点近在咫尺，但他们却累得动弹不了，皮里只好要大家停下来休息。他在日记中写道："虽然极点就在眼前，但我实在太疲劳了，无法再迈出最后几步……那时我已到了筋疲力尽的程度，已不能意识到我即将到达毕生奋斗的目标。"

6 个人的小小队伍只好暂时在极点附近筑起宿营地，把用品从雪橇上卸下来，盖起了因纽特式的圆顶小冰屋，接着便吃晚饭。之后，大家躺下来睡觉。几小时的睡眠，使人们恢复了体力，便又忙着向北赶路，去夺取最后的胜利。很快，他们的愿望实现了，北极极点被踩在他们的脚下。他们兴高采烈地举行了庆祝仪式，皮里还亲自动手，在世界最北的地方插上了几面旗帜，其中一面是他妻子亲手缝制的美国国旗。队员们手持旗帜拍照，亨生还带领 4 位因纽特人欢呼了 3 次。

半路杀出个程咬金

1909 年 9 月 1 日，皮里还在返回途中，对北极探险一直非常关注的《纽约先驱论坛报》忽然收到了一个叫库克的美国医生的电报，声称他在皮里到达极点的前一年，即 1908 年 4 月 21 日，就已经到达了北极点。真是半路上杀出个程咬金。

看到这一消息，皮里十分震怒，便于 1909 年 9 月 8 日发表声明说："库克从来也没有到过北极点，他只不过是在欺骗群众而已。"

于是，这两个曾经一起穿越格陵兰冰原的伙伴反目成仇，展开了一场旷日持久的真假猴王的争夺战。

《纽约先驱论坛报》支持库克，而《纽约时报》和颇有势力的国家地理学会则支持皮里。争论来争论去，谁也说服不了谁，只好提交国会去投票。结果是 135 票支持皮里，只有 34 票支持库克。于是，皮里便成了官方的胜利

者，被提升为海军上将，而库克则被非难至死，名誉扫地。

但是，这场官司却并未因此告终。因为一场探险上的争论，正如一场体育比赛，怎么能由政治家投票来决定胜负呢？况且，库克并非凭空捏造，而是确确实实地深入到了北极地区。

1907年，得到美国富翁布雷法利的资助，库克和唯一的伙伴富兰克来到北极一个因纽特人的小村子越冬，并得到当地朋友的大力支持和帮助。1908年2月，他们带着9个因纽特人，11条雪橇，103条狗，1814.4千克物资和一条6米长的折叠船穿过埃斯米尔岛往北进发。3月18日，他遣回了支援部队，只留下两个20多岁的年轻因纽特人和26条最强壮的狗拖着两个雪橇继续前进，目标是要往北推进804.75千米。按照计算，他们认为，4月21日已经到达了北纬89°46′的地方，在那里待了24个小时，然后踏上了归途。

按照这种说法，库克的确是比皮里早了一年到达北极极点，可是，他没有发布任何消息，谁也不知道他的行动，直到第二年，即1909年4月15日他们才露面。

库克为什么不发表到达极点的消息呢？他们这一年多的时间到哪里去了？

库克说，他们回程的路线偏向西，所以多用了一年的时间，一路上见到了一些陆地和岛屿。还说他们冬天是在一座石头房子里度过的，直到1909年2月太阳升起时才继续南进。连陪同他的两个年轻的因纽特人也说他们一路上见到了许多陆地和岛屿。

这种说法似乎有点牵强。还有，库克说他在途中曾经看到过陆地和岛屿，但这是不可能的，因为北极地区没有陆地，它是一片海洋呀，所以人们称它为"北冰洋"。

到底谁先到极点

那么，是不是库克在撒谎？是不是库克唆使因纽特人也跟着他撒谎？看来也不尽然，事情没有那么简单。

随着时间的推移，有越来越多的事实在帮库克的忙，库克有可能是被冤枉的。因为后来的观测表明，加拿大以北冰层确实是往西漂移的，因而使库克回程路线偏向西方完全有可能。而在北冰洋中，经常可以看到酷似陆地和岛屿的冰山，甚至可以在这些浮冰上建立考察站，所以当年库克看到了这样的冰山便误认为是岛屿并没有什么好奇怪的。至于那两个年轻的因纽特人说一路上总能看到陆地，大概是因为在北极冰原上行进，有时很难把陆地和冰山区别开来，而由于潮汐的作用，冰山或冰原到处都是，致使那两个年轻的因纽特人误认为这就是陆地也说不定。

不要以为只有库克被人指责，实际上，皮里也有说不清楚的问题。根据他的叙述计算，他在北极冰面上的行进速度达每天 70.8 千米，这是不可能的，因为在这之前，探险家在北极考察中的行进速度从来也没有超过每天14.4 千米。1986 年，美国一个考察队完全按照当年皮里的行进路线和运动方式到达了北极点。结果发现，在前 9 天里，他们每天平均只能前进 3.58 千米，从第 10 天到第 21 天，平均速度为每天 8.05 千米，第 22 天到第 44 天为每天 15.39 千米，第 45 天到第 54 天，由于冰面较平，装备减轻，天气转暖，行进的速度最快，达到每天 28.64 千米。由此看来，皮里的行进速度真可以说是天文数字了。

那么，到底是谁先到达了北极极点呢？也许是库克，也许是皮里，也许他们两个谁也不是。他们当时所携带的测量仪器都很粗糙，因此，谁也拿不出令人信服的证据证明他们到底到达了何处。实际情况很可能是，无论是库克还是皮里都没到达过北极点，他们只是到达了接近北极点的某个地方而已。也许不愿使库克难堪或者冤枉了他，1916 年，美国国会一个特别委员会，在授予皮里海军上将的头衔时，只是表扬了他的功绩，并没有说他是第一个到达北极极点的人。

历史就是如此，在沿途留下无穷无尽的疑问让人们去争论，去思考，而它只顾走自己的路。

寻找未知的南方大陆

南极的探寻同样充满艰难险阻。

很早以前，人们就传说在地球的最南端，有块遍地流着牛奶和蜂蜜的富饶土地，叫做"南方的大陆"，但谁也没见过，它只是像谜一样飘浮在人们的想象中。一代又一代的探险家不畏艰险前去探寻，都未能如愿。1520 年麦哲伦环球航行经过南美南端的海峡时，将火地岛误以为就是南方的大陆。后来，

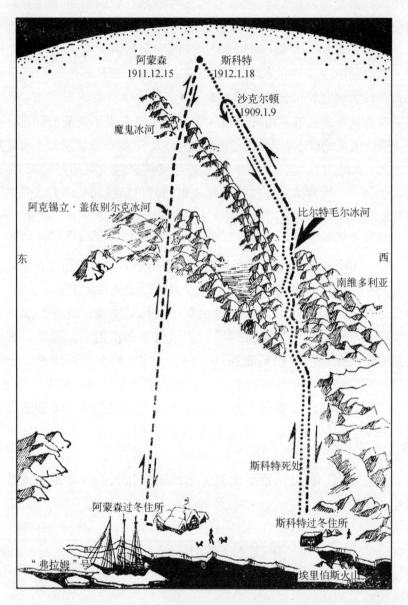

阿蒙森
1911.12.15

斯科特
1912.1.18

沙克尔顿
1909.1.9

魔鬼冰河

阿克锡立·盖依别尔克冰河

东

西

比尔特毛尔冰河

南维多利亚

斯科特死处

阿蒙森过冬住所

斯科特过冬住所

"弗拉姆"号

埃里伯斯火山

—·—·—·— 沙克尔顿去南极极顶路线

———————— 阿蒙森到达南极极顶路线

················ 斯科特到达南极极顶路线

阿蒙森、斯科特到达南极极顶路线示意图

英国人德雷克航行到了岛的南面，才看清那根本不是一块很大的大陆，只不过是一个小小的岛屿，因为在这个岛屿的南面，依然是一片汪洋大海。南方的大陆仍旧是一个谜。

1768～1775 年间，英国探险家库克船长奉英国海军部之命，环绕南极作过一次探险旅行。他 3 次深入到南极圈内，一次也未见到那块南方大陆。当他冲过大风暴和无边冰海的层层阻拦，把 462 吨的"果敢"号开到南纬 71°11′的海域，见到的仍然是一眼望不到头的冰雪。面对漫天的飞雪，呼啸的寒风，无边无际的冰海，雾霭茫茫的天空，库克心灰意冷了，在这样恶劣的环境中，哪里会有什么流着蜂蜜的富饶的土地呢？

斯科特探险队队员拍摄的南极冰山中的冰洞

返航后，库克这样报道了他的探险："我在高纬度上仔细地搜索了南半球的海洋，绝对证明在南半球内，除非在极点附近，是没有任何大陆的。而极点附近是不可能到达的。"

他还说："即使将来有人能推进到更远的南方，虽然这几乎是不可能的，我也不会嫉妒和羡慕他所获得的荣誉；因为我敢说，世界不会因为那一发现而获得任何益处。"

鉴于库克当时的声望，他既然得出这样的结论，还有谁能不相信呢？因此，在以后将近半个世纪，几乎没有人去南极做毫无指望的航行了。

然而，权威的论断虽可蒙蔽于一时，却不能长期阻挡人类继续向海洋进军的步伐。半个世纪之后，人们又开始向南极挺进了。

1819 年 7 月，俄国极地探险家别林斯高晋和拉扎列夫，奉沙皇亚历山大一世的旨意，首先打破库克造成的长期沉寂，率领 900 吨的"东方"号与 530 吨的"和平"号，分别载着 117 人和 72 人，艰难而缓慢地在无穷无尽的冰海和雾海中向南行驶，在 3 年多的时间里，两次进入南极圈，于 1821 年 1 月 16 日，

在南纬68°29′、西经75°40′处，第一次见到了陆地，并把它命名为亚历山大一世岛。从此，俄国人就把第一个发现南极陆地的功劳记在自己的账上，还把该岛南面的海洋叫做"别林斯高晋海"。

在俄国人对遥远的南方表现出浓厚兴趣的同时，各国捕鲸和猎海豹者也在不断对这块海域进行探索。到19世纪30年代，英、美、法各国纷纷派出探险队，它们当中，第一个打破南进纪录的是米尔斯·杜蒙·德乌尔维尔领导的法国探险队，它测量了南半球诸海域的地磁情况。由海军上尉查尔斯·威尔克斯领导的美国探险队则曾深入到最接近南磁极的冰区，他们还沿南极海岸航行了2 400多千米，从而成为最早宣称真正发现南极大陆的人。

向南极极点进军

1907年，曾随著名英国极地探险家罗伯特·福康·斯科特中校领导的探险队，在南极大陆作过考察的队员欧内斯特·亨利·沙克尔顿，决心组织一支探险队，去探索南磁极和进军南极点。

1909年1月9日，沙克尔顿一行在冰原上艰苦跋涉了73天后，终于来到了南纬88°23′这个从来没有人到达的最南的地方。这里离他们的目标大约只有160千米。南极点这颗极地探险中灿烂的王冠上的明珠，仿佛唾手可得。然而，这段近在眼前的距离，对于当时的沙克尔顿一行来说却是多么的遥远啊！零下21℃的严寒，食物的极度缺乏，终于迫使他们不得不放弃那颗即将到手的明珠，他们后撤了。这多么可惜！

沙克尔顿的老队长斯科特见沙克尔顿失败了，便再次鼓起勇气向极点冲刺。但他这次不仅要向大自然挑战，而且要挑战对手，因为一个强劲的对手也正在向极点冲刺。

斯科特这个强劲的对手是谁呢？

他就是上文介绍过的，开辟北冰洋向北航路的挪威极地探险家阿蒙森。

阿蒙森是一个精力充沛、学识渊博而又胆大心细的人。他曾在一片非难声中驾着只有47吨的"约阿"号，克服了难以想象的困难，胜利地打通了北极地区的西北航路。正当他意气风发、踌躇满志地又在"弗拉姆"号上制订征服北极点的计划时，皮里到达北极点的消息传到了他耳中。这消息就像一个晴天霹雳，使他全身沸腾的热血顿时冷却下来。他当机立断，不再向北进发，而是要调转船头，转而向南，与老练的极地探险家斯科特来一次竞赛，去征服当时还没有人到达的南极点。他迅速而秘密地制订了南征的计划，并在赴南极途中，把消息转告给斯科特。

到达南极后，阿蒙森一行5人，于1911年10月19日开始从设在南极鲸湾的基地出发，艰难地向南行进，与不断袭来的暴风雪、崎岖的冰路、严寒的气候顽强地搏斗，终于在1911年11月14日到达了南极点。他们没有见到竞争对手斯科特探险队的身影，也没有见到对方留下的任何标志，显然，他们是胜利者了，他们夺得了南极点争夺战的冠军。随即，他们在地球的最南端插上了一面挪威国旗，并在平坦的极点区逗留了36小时。离开时，在帐篷里留下一块木板，上面刻着5位探险者的名字。还给斯科特留了一封信，说是如果他们返回途中遭遇不幸，就请斯科特船长把挪威人第一个踏上南极点的信息转告挪威国王。

阿蒙森探险队出发后不久，英国探险家斯科特一行5人也出发了，但是，他们的路线比阿蒙森艰难得多，拉雪橇的小马经不起极地的严寒，很快都死光了。在崎岖的冰路上，漂亮的摩托化雪橇，也经不起折腾，很快损坏了。

挪威人最早踏上南极点

最后，人们只得徒步行走，还要拉着沉重的雪橇。因此，他们遇到的困难比阿蒙森探险队多得多。

1912年1月18日，当斯科特探险队经历千辛万苦也终于到达南极点时，却发现一面象征着他们失败的挪威国旗。

什么样的打击会更甚于此？以千米计的挣扎，暴风雪的鞭笞，饥饿和冻伤的折磨，比起这简直就算不了什么。斯科特一行的热情顷刻间灰飞烟灭，失望紧紧地抓住每一个人的心。他们只得悄然离去，背对原来的目标，面向1 300多千米的归途。

斯科特的归途也不顺利。他比阿蒙森更注重科学调查，尽管不是第一个到达南极点，但在归途中仍然坚持做考察工作，搜集样品。这样一来，就耽搁了不少时间，没有按照预定的计划返回。一年中最好的季节过去了，极地的冬夜笼罩下来。频繁的暴风雪和极度的寒冷使归途越来越困难。粮食也很少了，徒步的辛劳又迅速消耗他们的体力。不久，一个队员支持不住，倒下了。接着，又一个队员双脚冻伤。他为了不连累大家，自动走进茫茫风雪中，再也没有回来。剩下的3个人，虽然能坚持下来，但也因没有任何可吃的东西，逃不出死神的怀抱。在生命弥留之际，斯科特用他那颤抖的手，在信封上写下了"致我的寡妻"几个字，永别了人间。

斯科特探险队虽然没有夺得冠军，默默地长眠在冷寂的极地，但他们在南极探险事业中作出的重要贡献，值得后人敬仰。现今，"阿蒙森—斯科特考察站"屹立在南极点，就是人们对两位南极探险考察先驱最好的纪念。2010年1月，斯科特南极探险百年之际，人们又进一步对斯科特的木屋和其他遗址做了维护，以免被暴风雪掩埋。现在，每年都有好几百名游客来这里参观，让斯科特勇敢向大自然挑战的大无畏精神，永远激励着一代代探险家毅然前行。

斯科特

近代海洋学的开端

首次环球科学考察

地理大发现虽然大大提高了人们对海洋外貌的认识，但对海洋的内部，仍然缺乏了解。人们只知道大地是个圆球，它的表面分布着陆地和海洋，至于发生在海洋里的许多现象，隐藏在"龙宫"里的种种秘密，可以说是基本无知。

为了探明海洋的秘密，一些国家前往海上调查。19世纪60年代，美国人开始巡航大西洋和太平洋；德国人也准备向大西洋进军；而瑞典人则已向北冰洋派遣了两艘调查船。

这些消息，使英国人大为震惊。当时英国已取代葡萄牙和西班牙，成为海上最强大的国家，在海洋科学研究中也居首位。面对其他国家已向大洋挑战的情况下，英国人怎么能无动于衷呢？科学界惊呼，如果不赶在前面，对英国的国家威望将是一个打击。

面对如此严峻的局面，英国政府坐不住了。1872年4月，他们批复科学界及政府相关部门的意见，同意组织一次大规模的海洋科学考察。

1872年夏天，航行和调查的具体计划制订出来了。这是一次需要3年时间才能完成的环球海洋科学考察。考察内容相当广泛，包括海洋物理学、海洋生物学、海洋化学、海洋地质学等方面的许多项目。考察队队长是42岁的地质学家和海洋生物学家怀维尔·汤姆森。

1872年12月21日，"挑战者"号从英国朴次茅斯正式起航，进行环球海洋考察。临行前，英国海军部大臣和皇家学会成员上船进行了检查，并在船上举行饯行宴会。

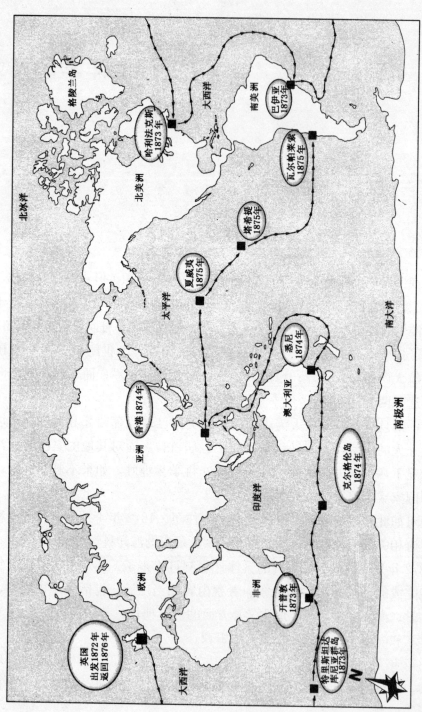

"挑战者"号航行路线

许多人尤其是海洋学界的人，都对这次航行寄予厚望，希望它能向人们解答：海洋到底有多深？海底究竟是什么模样？海洋深处有没有生物？不同生物栖息的深度有什么规律可循？海水里含有多少种物质？它的冷暖咸淡有多大差异？究竟有没有沿着海底把极地冷水带往赤道的巨大洋流等等。

此外，它还要履行一般海洋调查船的职责，进行气象观测、地磁观测等，并为英国海军部绘制海图提供资料，以及为铺设海底电缆进行专门调查。

任务十分艰巨，困难也是可以想见的。何况那时海洋探测技术并不先进，更没有自动记录的仪器，科学家们只能一个点一个点地测量，用重锤测深，用抓斗抓取海底泥土，用网采集生物样品，用特制的采水器和温度计采取水样、测量水温。每一个测点需要一整天时间才能完成，然后开赴200海里间隔的另一个测点工作，一直到环绕地球一周。

"挑战者"号功勋卓著

英国"挑战者"号海洋科学考察船是一艘三桅帆船，长67.1米，宽9.15米，排水量2 306吨。船上有两台1 234匹马力的辅助蒸汽机，11 000米绳长的测深绞车和7 000米绳长的取样绞车。它于1872年12月至1876年5月进行了人类首次环球海洋科学考察，总计航程12万千米，相当于绕地球赤道3圈。沿途作了492个测站的海深测量；在362个测站上观测了气象、海流、水温和底质，分析了海水的化学成分，采集了大量的海洋生物；还确定了许多岛屿和暗礁的位置。这些资料，送到最有能力的有关科学家手中，进行分类、研究和整理。全部工作花费了20年时间。

"挑战者"号测量水深使用的仅是一部缠着万米绳索的笨重绞车，用它把重锤放入海底，测一次七八千米的海深，就得花费整整一天的时间。"挑战者"号坚持不懈地工作，获得数百个点的测深资料，使人们对于海底地貌的认识产生了质的飞跃。

"挑战者"号的测深资料表明，海洋底部就像陆地表面一样起伏不平，既有高耸的海山、海脊，也有深邃的海槽、海沟，而最深的地方并不在海洋中心。他们在东印度群岛和亚洲大陆之间印度洋上穿线布网时，就发现了这些海域有许多水下脊岭和水面上的岛屿相连。在其他大洋，这种情况也常有出

现。而当他们来到太平洋时，在北纬 11°24′、东经 143°16′的远离大洋中心的地方，测得了 8 167 米的深度，这就是当时得知的马里亚纳海沟的深度，也是当时条件下测得的最大深度。虽然以后测得马里亚纳海沟的深度在万米以上，但这是"挑战者"号的首次发现，也是人类的首次发现，所以具有划时代的意义。

"挑战者"号海洋考察船

红色地毯深海之谜

为了研究海底究竟由什么物质组成，每到一个测点，地质学家就用挖斗挖取海底泥土。挖上来的东西，全是些粗细不等，种类繁多的泥沙、石砾，显然，这些都是由大陆江河或者裂岸的波涛带入海中而沉淀下来的。由于颗粒大的下沉得快，颗粒小的下沉得慢，所以一般而论，越靠近海岸，海底沉积物越粗；离海岸越远，海底沉积物就越细。更远的海中，这些陆上的物质不断减少，到了二三千米深的海底，挖上来的主要不再是石砾和泥沙，而是呈灰白色的软泥。在显微镜下观察，它含有大量抱球虫的甲壳和放射虫的皮壳，所以取名叫"抱球虫软泥"。抱球虫软泥中还有海绿石、锰结核、石英、长石、磁铁矿及火山碎屑等矿物质。

很明显，这种沉积物是陆地上极细的泥土和微小的浮游生物残骸混在一起下沉到海底的。当时船上的人们还以为所有的深海底全部被灰色的抱球虫软泥覆盖。

然而，在以后的航行中，人们除了挖上来灰白色的抱球虫软泥外，还挖上来混杂着别的生物残骸的软泥，如放射虫软泥、硅藻软泥和翼足虫软泥。放射虫软泥主要是由放射虫的硅质残骸构成的硅质软泥；硅藻软泥是由浮游生物硅藻的残骸（硅质细胞壁）为主的硅质软泥；翼足虫软泥则是含有相当数量的翼足虫的软泥。这说明，洋底沉积物并非那样单一，它们丰富多彩，种类繁多。

洋底沉积物为什么会有如此不同呢？

经过一番激烈的争论才弄清了，这是因为海洋表面的不同区域，生活着不同种类的浮游生物的缘故。某一海域的海底沉积物，就是该海域表层的浮游生物死亡后，其尸体连同细微泥沙一起沉淀下去形成的。但是，科学家们又发现了另一个费解的现象，这就是每当进入水深超过 5 400 米的深水区域时，不管海洋表层的浮游生物是什么种类，洋底沉积物清一色的都是棕红色的黏土，好像铺了一层红地毯。这种红黏土是颗粒不到千分之二毫米的极细的淤泥。它所以呈棕红色，是因为里面含有铁、锰等氧化物。红黏土里，找不到什么生物的残骸。这个事实使人们认识到，尽管大洋底部远离陆地，又有厚达几千米的海水遮盖，陆地上的泥沙仍然能够来到这里安家落户。

红黏土的出现，使研究人员约翰·默里感到吃惊：为什么生活在大洋表层水中的尽是抱球虫，而在洋底沉积物中竟然找不到它们的残骸？

为了求得正确的解答，默里又仔细地对不同深度的海底样品进行了分析鉴定，发现在较深的海底样品中，生物的钙质骨骼逐渐消失了。于是他想，这必定是在深度较大的海底，发生了某种化学反应，这种反应使得占生物软泥中 98％的石灰质（碳酸盐）消失了。考察队长汤姆森教授推测，红黏土恐怕就是这个变化过程的残余物。化学师布坎南指出，在这个深度上，海水中碳酸盐的增加是造成上述变化的原因。他还试着在实验室模拟这个过程。他从一些抱球虫软泥中去除了碳酸钙，并对其残余物进行了分析，发现了二氧

化硅、氧化铝和红色的氧化铁。这种物质很像红黏土。

现在已经明白，某些生物软泥中的生物残骸，其主要成分是碳酸钙，即构成生物骨骼和甲壳的成分，但碳酸钙的溶解度随压力的加大而加大，在四五千米的深处，压力达四五百个大气压，因此，当许多生物的尸体向深处降落时，石灰质的外壳和骨骼会受到越来越大的溶解作用。到 5 000 多米的深处，便全部消失了。这就是为什么"挑战者"号每次进入深度大于 5 400 米的海域时，不管其表层生物的种类如何，海底沉积物总是红黏土所占据的原因。

颠倒温度计常用不衰

做出海底新发现后，1874 年 3 月，"挑战者"到达澳大利亚的悉尼，逗留两个月。人们用各种方式尽情享受这短暂的假期。离开时，环球队员们为他们热情的澳大利亚主人举办了告别宴会，又开始了第二阶段的海上考察活动。

再航后不久，一场关于洋流成因的争论又烽烟再起，并且鏖战一时。争论的焦点是，洋流的驱动力是风还是各海区海水冷暖的不同。但由于"挑战者"号当时还未能积累更多的资料供海洋学家分析、研究，因此，关于洋流的争论，一时胜负难分。不过，另一个烦恼又席卷而来，这就是关于水温测量的事。

水温测量是此次考察中的重头戏，因为水温与海水的运动密切相关，对海洋物理、化学、生物现象也有很大影响。了解海洋水温状况，在海洋学的研究中有特殊的意义。水银温度计固然简单、精确，但只能测量表面海水的温度，表面以下就不行了。因为当把温度计沉入水下测量后，在往上提的过程中，必然会受到温度不同的水层影响，使读数不准。再则，温度计在水下测量时，要受到水压的影响，也会改变读数。虽然使用了梅勒尔—卡塞拉温度计，能够锁定已测得的温度，但只能适用于水温随深度增加而递减的情况，而未考虑到实际海洋里竟然会出现水温随深度增加而增加的情形。为此，船上的科学家们不得不向陆上求助。于是，研制工作加紧进行。

1874 年 11 月，"挑战者"号抵达香港，一批新研制成的专用温度计——颠倒温度计运上了船，解了燃眉之急。这款温度计设计堪称完美，精确度也高，故一直沿用至今。

此次考察，揭示出大洋深处温度较低，绝大多数在−1℃至4℃之间；而海洋表层的温度则千差万别，有的地方在0℃以下，有的地方又接近30℃。

海水组成性质恒定

在实验室里，化学家们忙着测定海水的成分。他们用的是硝酸银滴定法测定海水的氯度，进而计算出盐度。他们广泛分析了所采集的水样后发现，溶解在海水中的元素有70多种（以后还有更多的发现），但以氯、钠、镁、硫、钙、钾、溴、碳、锶、硼、氟等11种含量最大，总共约占海水中全部元素的99.8%～99.9%，称为大量元素，而其余的称为微量元素。在微量元素中，磷、氮、硅的含量虽少，但随时间的变化极大，对海洋植物的生长具有重要意义，称为营养元素。

海水的盐度各处不一。大洋中一般为35‰，近岸海域受江河淡水的冲淡作用，盐度要小些，大多在32‰以下，有时甚至不到10‰。

"挑战者"号上的化学家从所取水样的分析发现，虽然海洋里各处盐度不同，但其主要离子含量间的比例几乎不变。这种关系，称为"海水组成的恒定性"。

这一发现具有重要的理论和实践意义。根据这一性质，可以从海水中任何一种主要成分的含量，计算出其他各种主要成分的含量。

深海首次发现生命

海洋生物调查是"挑战者"号的一项极其重要的内容。科学家们用各种网具采集悬浮在海水中的极其微小的浮游生物和栖息在海底的动物，把它们装在玻璃瓶中，沿途靠岸时，送往爱丁堡大学进行分析鉴定。他们收集到7 000种珍奇的深海动物，其中有一半是过去没有发现过的新种。他们还在5 400多米深的海中采集到了动物样品，在深海底的泥土中也发现了带有蠕虫的黏土。这无可辩驳地说明，在各大洋的最深处，也能找到生命的踪迹。队长汤姆森教授写道："事实上，它有力地证明了，一切深度的海底条件，不但允许动物生命存在，而且其动物种类的数量也是很多的。"

深海压力很大，一条长30厘米、宽10厘米的鱼在1 000米深处全身承受的压力为30吨，在10 000米则为300吨。人们想，这样大的压力，岂不把鱼压得粉碎？

一位化学师把一个厚玻璃瓶密封起来，用法兰绒包着，把它装进一端开孔的铜管里，沉入3 600米深的海底。等提上来时，铜管压扁了，玻璃瓶也压得粉碎。

然而令人惊讶的是，在这样深的海底，竟然有不怕压的鱼。

为什么不怕压？是这里的鱼具有比钢铁还硬的身躯，还是有一层特别结实的甲壳？其实不然，它们没有甲壳，而且皮肉也是软的。只不过由于皮肉结构比较特殊，表皮多孔且具渗透性，海水可以直接渗透到细胞里，使身体内外保持着相等的压力罢了。体内外压力一致，当然就不怕压了。若将这种鱼提上来，由于压力减小，体内外压力差加大，它的内脏会被挤出来，眼睛会鼓起，鱼鳞会分离，整个身体产生剧烈变形，好像一颗炸弹。

这次考察，除生物学、地质学、物理学和化学方面的成就外，还发现了地磁偏差的现象，绘制了等深线图，定出了一些岛屿和暗礁的正确位置，并调查了海上气象状况。

1876年5月24日，"挑战者"号胜利返航，历时3年半。维多利亚女王授予考察队长怀维尔·汤姆森爵士称号。

考察的许多成果，冲破了不少传统偏见，使人们耳目一新。它发现了4 417种海洋生物新品种；探知了从海面到深邃的海底到处活跃着生命；查明了溶解于海水中的主要化学成分含量有着恒定的比例；了解到深于5 400米的深洋底的沉积物都是由红黏土组成的；而深洋底部的水温都极低，多在$-1℃$至$4℃$之间……

环球考察的成果，最终编印成50本巨著公之于世，成为海洋科学的丰碑，标志着海洋科学进入了一个新的时代。"挑战者"号的环球海洋考察，是近代海洋科学的一个良好的开端。